インプレス R&D [NextPublishing] New Thinking and New Ways
E-Book / Print Book

システム導入のためのデータ移行ガイドブック

コンサルタントが現場で体得したデータ移行のコツ

JN194546

失敗しないデータの引越し。

はじめに

　本書を手に取っていただきまして、ありがとうございます。この本は「データ移行」というシステム導入のいちタスクを扱います。データ移行とは、新システム導入に際して、現在稼働中の（新システムによって置き換えられる）システムからデータを抽出し、新システムに取込みを行う作業です。

　本書では、システム導入のプロジェクトでデータ移行を担当する方が円滑にタスクを進められるよう、タスクの特徴や注意点を紹介します。特に経験の少ない方でも、考慮事項の抜け漏れをできるだけ少なく進めるのに参考になる内容を、実体験に基づいて盛り込みました。

データ移行を引っ越しに例えてみると

　データ移行タスクをイメージするにあたり、引っ越し作業に例えてそれぞれの作業を紹介します。

　まずは、引っ越し元があって引っ越し先があります。引っ越し元のあらゆるものを、捨てる物と持っていく物に分けます。この"あらゆるもの"が、データ移行で言うと、現行システムのデータ一覧です。データベース上のテーブルを一覧化し、それぞれどんなデータが入っているかを確認します。ぱっと見で捨てていいと判断のつくものはいいのですが、そうでないものはいったんリストに残しておきます。

　今度は、引っ越し先の広さを確認します。何㎡なのか、間取りはどうなっているか、何階にあってエレベーターはあるのかどうか、ドアから入らない物は何か手段はあるのか。引っ越し先の広さを踏まえて明らかに持っていくことができない物で、それなら捨ててもよいと思えたものはリスト上で対象外とします。

引っ越し先では新生活が始まります。ですから、必ずしも引っ越し元のものをすべて持っていくことがベストとは限りません。新生活に向けて必要な家具や家電製品は揃えますし、まだ使えるけれどもっと便利なものがある場合には、買い替えるいい機会にもなります。引っ越し先の生活イメージを膨らませながら、引っ越しで持っていく荷物を選別していきます。

　先に「引っ越し元のあらゆるものを」と書きましたが、それをリストにすることは簡単ではありません。各部屋の収納の中には驚くほどの荷物が入っています。中には前に引っ越しした時のダンボールがそのまま眠っていることもあります。部屋ごとの収納を眺めて実際に箱を開けてみて、何が入っているか気づくこともあります。この作業には時間がかかるのです。

　ダンボールに書いてあるラベルだけで中身を断定するのは危険です。混在している可能性があるからです。最初は書籍だけ入っていたとしても、少し空きスペースがあると詰め込んでしまうことってありませんか。

　引っ越し先と引っ越しの荷物が見えてくるのと並行して、引っ越し日や引っ越し業者を決めていきます。この日までに引き払う必要があるとか、この日から引き渡し可能というずらせない日付をもとに、近い週末や場合によっては休みをとる前提で引っ越しする日を決めます。

　引っ越し業者さんには、どのくらいの荷物があるのかと引っ越し希望日をざっくり伝えて、複数社の見積もりをとります。様々な条件を満たしつつ一番安い業者さんを選びます。

　データ移行と引っ越しで大きく異なるのは、ここから引っ越し業者さ

はじめに　｜　3

んの準備が多くかかる点です。新築の家の構造が複雑な場合、引っ越し業者さんではなく、建築側（設計事務所や工務店）に相当するベンダーが担当することもあります。

引っ越し元から持っていくと決めたものを、ひとつひとつ引っ越し先のどこに格納するかを決めていきます。最初は、おおまかに部屋単位で決めます。最後は、部屋のどこに置くかを決めて、ちゃんと部屋に収まるか、生活に支障がないかを確認します。

いかがでしょうか。データ移行は単一世帯の引っ越しではないため、ここで例えるほど簡単ではありませんし、手間もかかります。

しかし、慣れない作業に取り組む際にアナロジーを用いて全体像をイメージしておくことは有用です。各章の解説を読む際にも引っ越しシーンを思い描くことで理解が深まったり、実プロジェクトで不足している点や現実のおかしな点に気づくきっかけが得られるかもしれません。

本書の構成

本書は、データ移行タスクの流れに沿って構成しています。

1章では、データ移行タスクの全体像を描きます。引っ越し作業に例えることで、データ移行になじみがない人にもイメージを膨らませられるようにしました。

2章では、移行要件定義タスクを詳細化します。アプリケーションの要件定義と異なる点として、移行方式やデータクレンジング、データ検証などの要件も定義を行うのが特徴です。

3章では、要件定義に基づいた移行ツールの設計を詳細化します。項目レベルで現新のマッピングを行い、必要な変換や検証の処理を設計します。このタイミングで、移行データの投入順やツールの実行順も設計を行います。

　4章では、設計に基づいた移行ツール開発を詳細化します。移行ツールは1回だけ使うものと誤解せず、共通化や汎用化を心がけて作ります。

　5章では、移行テストについて解説します。移行ツールが設計通りに動くかどうか以外に、処理時間がかかりすぎないかということや、移行データ品質についても評価を行います。

　6章では、移行リハーサルについて解説します。テストをより本番に近い形で行い、検証と合わせて習熟を図っていくのが特徴です。

　7章では、本番移行実施の注意点を紹介します。これまで設計し、リハーサルしてきたものを実行するのみですが、いざという時のためのコンティンジェンシープランの確立が必要です。

　8章では、データ移行後に不備が見つかった場合の対応を解説します。稼働後は移行データに更新もかかるため、帳消しにして再移行するのも簡単ではありません。対象箇所のみ修復する工夫を紹介します。

　9章では、稼働後の定期的な組織変更について取り上げます。組織変更はマスタ変更のみでは済まず、トランザクションデータの洗い替えも伴うことが多いです。新システムで考慮し切れない点も含めて説明します。

はじめに　5

本書の対象読者

本書の対象読者としては以下のような方を想定しています。

- ・ベンダー側のデータ移行チーム担当者
- ・ベンダー、ユーザー両者のプロジェクトマネージャーやPMO
- ・データ移行を成功させたい方、失敗させないために考慮点を知りたい方

経験の浅い方は自身のスキル拡充を目的として、既に経験をお持ちの方も経験の浅いメンバー向けの育成にお使い頂けるとうれしいです。データ移行を直接経験したことのないプロジェクトマネージャーにも、データ移行への適切な資源配分、リスク管理の参考になると思います。

この本で目指すこと

経験の少ない担当者は、データ移行特有のリスクを見逃してしまうことがあります。これにより、遅延や品質不良を回避できずプロジェクトに影響を与えてしまいます。本書がこれらを避ける一助になれば幸いです。

データ移行に携わるにあたり、事前もしくは進行フェーズに合わせて読み注意点を把握されることで円滑にタスクを遂行されることを目指します。

本書の前提事項

可能な限り汎用性を持たせた説明を試みてはいますが、法人営業向けCRMシステム（顧客管理や商談・営業活動管理）のデータ移行に偏った内容が見られるかもしれません。金額や在庫などの厳密なチェックに関する内容や、より技術的な解説は他書に譲ります。ご容赦ください。

目次

はじめに …………………………………………………………………… 2
　本書の構成 ……………………………………………………………… 4
　本書の対象読者 ………………………………………………………… 6
　この本で目指すこと …………………………………………………… 6
　本書の前提事項 ………………………………………………………… 6

第1部 全体像と計画 ……………………………………………… 11

1章 データ移行タスクの全体像 ………………………………… 12
　1-1：データ移行の位置づけ …………………………………………… 12
　1-2：本番データ移行タスク …………………………………………… 14
　1-3：フェーズ別のデータ移行タスク ………………………………… 17
　1-4：1章のまとめ ……………………………………………………… 30

2章 データ移行要件定義 …………………………………………… 32
　2-1：言葉の整理（移行要件、移行方針、移行計画） ………………… 33
　2-2：移行方針と移行計画を作成する流れ …………………………… 34
　2-3：データ移行対象定義（何を移行するのかを定義） ……………… 35
　2-4：データ移行方針定義（どのように移行するのか方針） ………… 36
　2-5：データ移行概要計画策定 ………………………………………… 43
　2-6：設計フェーズ計画 ………………………………………………… 44
　2-7：2章のまとめ ……………………………………………………… 45

第2部 移行準備 ……………………………………………………… 47

3章 データ移行設計 ………………………………………………… 49
　3-1：データ移行プログラムのアーキテクチャー設計 ……………… 49
　3-2：データ移行対象詳細化（何を何に移行するのか） ……………… 50
　3-3：データ変換設計（移行元と移行先項目マッピング） …………… 50
　3-4：データクレンジング設計 ………………………………………… 52
　3-5：データ検証設計 …………………………………………………… 53
　3-6：個別移行プログラムの処理設計 ………………………………… 53
　3-7：マスターごとの移行注意事項 …………………………………… 54
　3-8：データ移行詳細計画策定 ………………………………………… 60
　3-9：構築フェーズ計画 ………………………………………………… 61
　3-10：3章のまとめ …………………………………………………… 63

目次　7

4章 データ移行プログラム開発 ······················ 64

4-1：開発環境の整備 ······························ 64
4-2：単体テスト実施 ······························ 65
4-3：プログラム開発バグの分析 ···················· 67
4-4：データ移行手順書の作成 ······················ 68
4-5：データ移行テスト計画 ························ 68
4-6：4章のまとめ ································ 69

5章 データ移行テスト ······························ 70

5-1：移行テストの検証内容 ························ 70
5-2：データ移行タイムチャートの作成 ·············· 72
5-3：データ移行リハーサル計画 ···················· 73
5-4：5章のまとめ ································ 75

6章 データ移行リハーサル ·························· 76

6-1：データ移行リハーサルの回数 ·················· 76
6-2：データ移行リハーサルの目的 ·················· 76
6-3：データ移行リハーサル結果まとめ ·············· 77
6-4：本番データ移行準備 ·························· 78
6-5：6章のまとめ ································ 79

第3部 本番移行とその後 ······························ 81

7章 本番データ移行 ································ 83

7-1：当日の心構え ································ 83
7-2：本番データ移行の体制 ························ 83
7-3：コンティンジェンシープラン（不測の事態のためのプラン）の必要性 ····· 83
7-4：本番移行の流れ ······························ 84
7-5：実績を記録しておくこと ······················ 85
7-6：想定外事象への心の準備 ······················ 86
7-7：7章のまとめ ································ 86

8章 データ修復 ···································· 87

8-1：事象と影響範囲の特定 ························ 87
8-2：止血としての暫定対応 ························ 88
8-3：恒久対応に向けた原因分析 ···················· 89
8-4：恒久対応と再発防止策 ························ 90
8-5：8章のまとめ ································ 92

9章 組織変更時のデータ移行対応 ···················· 93

9-1：組織変更とは何か ···························· 94
9-2：変更対象 ···································· 94
9-3：組織変更の内容 ······························ 95
9-4：組織変更におけるデータ変更の方法 ············ 96

9-5：9章のまとめ ………………………………………………………… 96

おわりに ………………………………………………………………… 99

著者紹介 ………………………………………………………………… 101

第1部 全体像と計画

第1部ではデータ移行タスクの全体像を説明します。最初にデータ移行の位置づけと本番データ移行タスクを整理します。その上で、事前にどういう準備タスクが必要なのか、システム開発のフェーズに沿って紹介します。

1章 データ移行タスクの全体像

1-1：データ移行の位置づけ

■立場によって捉え方が変わる移行

　新システム導入において移行すべき資源は、データだけではありません。もちろん最も業務に影響を与えるものの1つがデータであることに違いはありませんが、立場によって想像するものが変わるため言葉選びに注意が必要です。

　業務部門の方は「移行」と聞くと、新システムの習得や端末を別拠点に運ぶことをイメージすることもありますし、インフラ担当の方はシステム移行をイメージし、データ移行はインフラ環境やソースプログラム同様に移行対象の一要素と捉えることもあります。インフラ担当にとってデータ移行は移行対象ですらなく、自分達が環境を引き渡した後にアプリ担当者が実施するもの、と捉えることもあります。

■移行におけるデータ移行の位置づけ

　移行は大きく3種類に分けられます。業務移行、システム移行、データ移行です。

移行におけるデータ移行の位置づけ

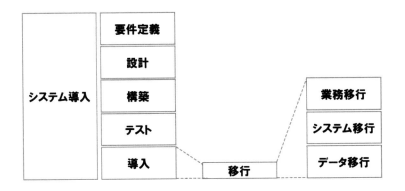

業務移行に関するタスクは、以下のようなものがあります。

- 新業務の理解を深めシステム操作の習熟を図るユーザートレーニング
- 移行・切り替えに備えた旧業務の終了
- 移行期間中の暫定業務対応
- 移行終了後の新業務の開始

システム移行に関するタスクは、以下のようなものがあります。

- 新システム環境（ハードウェア、ソフトウェア、ネットワーク）のリリース
- 資源（ソース、リポジトリ）の移送
- 旧環境からの切り替え

上記にはジョブスケジューリングやインフラ監視の開始も含みます。

ハードウェア（HW）とはサーバ機器やクライアント端末のことで、ソフトウェア（SW）とはデータベースや認証などのミドルウェアから開発対象のアプリケーションなどです。ネットワーク（NW）は回線や通信機器のことです。

　データ移行そのものに関するタスクは、本書で順次詳細に解説していきます。

■システム開発における移行の位置づけ

　今度はシステム開発における、移行タスクの位置づけを整理します。移行タスクは、構築したプログラムのテストが終わり、本番導入を行うタイミングで実施します。移行タスクが終わると、新システムに切り替え、本番稼働を開始します。

　本番移行のイメージが強いからか、移行タスクは後でも間に合うものと認識しているプロジェクトマネージャーの方がいらっしゃいます。間違いではありませんが、本番移行の前にもやるべきことはたくさんあり、準備が遅れてしまうと取り戻すのは簡単ではありません。タイミングを逃さずリソースを集中させる必要のある、慎重な要員配置が肝になってきます。

　共通認識を持つためにも、まずは本番移行のタスクから見ていきましょう。

1-2：本番データ移行タスク

　本番データ移行は、大きく3つのステップに分かれます。移行データ準備、移行データの投入、移行結果の検証です。

14　第1部 全体像と計画

本番データ移行タスク

```
┌─────────────────────────────────────────────┐
│                  データ移行                    ┐
└─────────────────────────────────────────────┘
┌──────────┐  ┌──────────┐  ┌──────────┐
│移行データ準備┐ │移行データ投入┐ │ 移行結果    ┐
│          │ │          │ │ 検証       │
└──────────┘  └──────────┘  └──────────┘
```

1. 移行データ準備

　移行データ準備は、移行元システムからデータを抽出し、移行担当者の手元に渡すことです。移行データは、システム以外に業務部門がExcelなどで作成する場合もあります。

　これらもあわせて、移行担当者が投入作業を実施できるよう所定のフォルダなど手元に格納します。受領した移行データは、投入後に間違いが発覚すると手戻りになるため、可能な限り確認を行います。

【参考】受領データに関するチェックリスト

　□ファイル名称は正しいか

　□ファイルが開けるかどうか

　□ヘッダーやフッターが正しいか[1]

※1　ファイルでやりとりをする際には、先頭行のヘッダーレコードや末尾のフッターレコードでファイルの情報を表現することがあります。例えば、ヘッダーにデータを特定するファイルIDを示したり、フッターにレコード件数を示したりします。これらを用いることで、移行データ作成の不備でデータが0件なのか、移行データは正しく作成されているが実際にデータが0件なのかを識別することが可能になります。

　□データ件数

　□文字コード違いによる文字化けの有無

　□区切り文字（文字列を何で識別するか（ダブルクォーテーション「"」など）方法含む）

第1部 全体像と計画　15

□改行コード（例：CR、LF、CR/LF）

□0埋めやスペース埋めの有無[2]

※2　固定長ファイルの場合は項目の桁数に満たない値の場合に、0やスペースで埋める
ことがあります。これらは取り込み時に取り除かれても問題ないのですが、コード値の先
頭に付いている0には注意が必要です。例えば、顧客コード「00023」のような場合です。
そのままプログラムで取り込む場合には問題ありませんが、手順によっては、先頭の0を
意図せず取り除いてしまうことがあるため、注意が必要です。どういう場合かというと、
Excelでファイルを開いて保存した場合と、数値型定義のデータベース項目に取り込みを
行う場合です。Excelで開く際には、データソースとして該当列を文字列型で認識させる
ことが必要です。データベースに取り込む際には、文字列型の項目に取り込む必要があり
ます。

2. 移行データ投入

　移行データ準備ができたら、移行データの投入を開始します。規模が
大きいプロジェクトなどでは、開始判定を行うこともあります。

　移行データの投入は、事前に作成し、検証した移行手順書に基づいて
行います。ジョブ管理ツールに登録したものを一気に実行できる箇所も
ありますが、移行結果の異変に早期に気づけるようこまめに結果確認を
行うことが多いです。

　また、マスターデータが正常に投入されたタイミングなどでは、リカ
バリーできるポイントとしてバックアップを取得しておくのも有用です。

　作業としては、検証済みの移行手順書通りに進めればよいのですが、
本番移行は時間との戦いでもあります。移行タイムチャートに実績欄を
設けておき、開始時刻と終了時刻を記録しながら、予定と比べて早いの
か遅いのかを確認します。

　投入結果の確認は、2段階で行います。1つ目は、移行データごとの処
理結果です。2つ目は、すべての投入が終わった後に合計件数や金額、数
量を現行データやそれに基づく想定値と合っているかを確認します。

3. 移行結果検証

　予定作業がすべて完了した段階で、移行完了判定、本番稼働判定を行います。ここでGoが出たら移行は完了ですが、稼働後にあり得るデータに関する問い合わせに備えておく必要があります。「データがおかしい」という問い合わせに対する問題切り分けの素材を残しておきます。

　「データがおかしい」という問い合わせがあった場合に想定される原因は、いくつかあります。

　　・ユーザーが操作方法を知らない
　　・新システムに不具合がある
　　・移行データに不具合がある

　移行データの不具合にも、大きく移行元データからの不具合と移行時の不具合があるわけですが、これらのどこに原因があるかを速やかに切り分けられることが求められます。

1-3：フェーズ別のデータ移行タスク

　本番移行タスクを実施するには、事前に移行プログラムや移行手順を準備する必要があります。本項では、システム開発プロジェクトのフェーズに対応する形で、データ移行のタスクを紹介します。

第1部 全体像と計画　17

■準備フェーズ

準備フェーズのデータ移行タスク

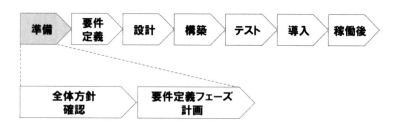

1. 全体方針確認

　データ移行担当としてプロジェクトにアサインされることがわかった時に最初にやることは、全体方針の確認です。プロジェクト憲章やプロジェクト計画書を入手します。ベンダーとして参画する場合は、入札時の提案書も入手します。プロジェクト全体の目的や進め方を理解するとともに、関係先へどのように展開し移行するかの方針を確認します。

2. 要件定義フェーズ計画

　続いて、要件定義フェーズをどのように進めるかを計画します。プロジェクト計画書のサブドキュメントとしてデータ移行チームの運営計画を作成します。
　スコープとしてタスクとアウトプットイメージを詳細化し、スケジュールとチーム体制や役割分担を明確にします。1回あたり90分の打合せを5回実施するなど目安を決めて、各回のアウトプットとインプットをあてはめるとタスクが具体化しやすいです。

■要件定義フェーズ

　要件定義フェーズでは、何をどのように移行するかを決めていきます。前提とすべき方針に基づきながら、現行システムと移行先システムの両者を分析し、何を（移行対象）、どのように（移行方針）、どうやって（移行計画）移行するかをまとめます。

要件定義フェーズのデータ移行タスク

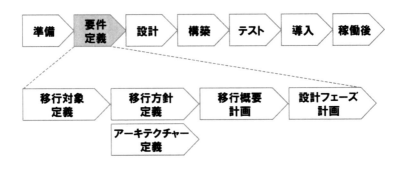

1. 移行対象定義

　最初に、データ移行対象（何を移行するのか）を決めます。移行対象を一覧化する上では、最初に前提となる現行の稼働対象システム・業務を確認します。次に、新しく導入するシステムとサブシステムをリストアップします。特定が可能なら、エンティティまで書いておくと、より具体化します。

　対象が洗い出せたら、それぞれの移行対象に対して、ボリュームと移行が必要な理由を明確にします。ボリュームは、件数と項目数（もしくはバイト数）で表現できますが、この段階ではおおまかに件数がわかっていれば十分です。そして全件移行が必要なのか、過去5年や現在取引がある顧客に限定してよいのかなど、方針を確認します。

　移行が必要な理由については、現行システムで保持していたデータだ

からという理由から一歩踏み込んで、業務監査のために過去10年分は保持が必要など明確にしておきます。今後、移行期間の制約や移行にかけられる工数を調整する際の判断材料として使う可能性が出てきます。

2. 移行方針定義

作成した移行対象一覧を関係者で共有できたら、データ移行方針（どのように移行するのか）の検討に入ります。移行方針を大きく左右するのはプロジェクトの展開方針です。すべての機能を一括でビッグバン導入するのか、地域ごと、業務機能ごとに展開していくのか、そのミックスなのか、その段階で決まっていることや方向性を確認します。

移行対象のところでボリュームの話をしましたが、すべてを新システムに移行する必要があるかは検討に値します。保管期間外のデータは、データウェアハウスで別管理したり、もっと簡易に別のハードディスクに保管しておくことも可能です。

移行は業務、システム共に何らかの変化があるため、仕掛データは作らないよう極力業務調整し、新システムで再入力とすることをおすすめします（例：請求締め後に整合性のとれたデータ断面を確保し移行）。

差分移行の方針として、新システムの画面機能を使ったり、システム間のインターフェースプログラムを使うことは有用です。必要以上に移行のみの用途のプログラムを増やさないことは、心がけておきましょう。

3. アーキテクチャー定義

データ移行方針でどのように移行するかを定めた後には、どのように移行プログラムを作るのか、データ移行アーキテクチャー方針を決めておきます。設計に近い内容ですが、データ移行の設計を請け負うベンダーには決めきれない内容です。また、IT部門として使える共通基盤や、準拠したいプロジェクト事例などをインプットに方針を決めておくことで、検討タスクを減らし、実際の移行準備に専念できます。

ここでは、データクレンジング（データ整備）、変換、取込、検証をどのシステム上で行うか、その際に使うツールを何にするか方針を決めます。例えば、

・現行データのクレンジングは現行システム上で実施する
・クレンジング結果の検証結果がOKのデータのみ、データ変換プログラムを実行する
・変換結果も検証を行いOKのデータのみを新システムに投入する

といった具合です。クレンジングする箇所を分散させないこと、検証する箇所ごとの目的を明確にすることがポイントになります。最終的に新システムに汚れたデータを入れない仕掛けづくりとも言えます。

4. 移行概要計画

　先で定めた移行対象をどのように移行するかを、概要計画としてまとめます。本番移行のタイミングはいつか、事前準備をいつからどのように行うか、検証は誰が行って何をもって完了とするのか、不測の事態が発生した時どうするのか、などです。

　移行計画は、フェーズの進みに合わせて詳細化していきます。要件定義フェーズでは、データ移行に関するタスクが洗い出されており、マスタースケジュールと整合しているところまでを目指します。

　移行計画書には以下のような項目が含まれます。段階的に詳細化を行い、最終的に当日の時間単位の移行タイムチャートまで落とし込みを行っていきます。

・移行のための具体的な手順
・移行スケジュール
・要員の割り当てと計画表

・機器などの導入スケジュール

・費用の見積もり

・作業の検証基準および本番稼働判断基準

・移行の中止基準と旧システムへの復旧手順

5. 設計フェーズ計画

要件定義フェーズの最後には、設計フェーズをどのように進めるかを計画します。移行プログラムの仕様を項目レベルで検討し、並行してデータクレンジングや検証をどう進めるかも検討するため、作業ボリュームが増えます。

一方で、移行先である新システムのデータモデルがこの段階で項目レベルまで固まることは通常ありません。業務領域にも濃淡があり、現実線としていつぐらいにどの領域が固まっていくのか見極めながら、チーム計画を調整するのが計画の肝になります。

■設計フェーズ

設計フェーズでは、定義した移行要件に従って、個別に移行プログラムの仕様を詳細化していきます。本フェーズが終わった段階では、開発すべき移行関連プログラムの一覧と設計書が出来上がります。あわせて、それらのプログラムを使う順番も、データ移行詳細計画に盛り込みます。

設計フェーズのデータ移行タスク

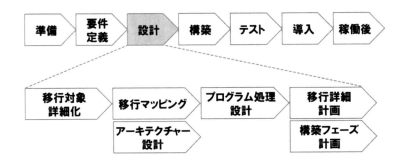

1. 移行対象詳細化

　データ移行対象詳細化（何を何に移行するのか）として、前フェーズの一覧を詳細化していきます。個々の移行プログラムに分解できるまで行います。業務観点で書かれていた移行元データと移行先データは、論理エンティティ、最終的にはプログラムが使用するテーブル単位まで詳細化します。

2. 移行マッピング

　一覧上で、移行元と移行先のテーブルを突合せします。1対1ではなく1つの移行元から複数の移行先が紐づく場合もあれば、複数の移行元が1つの移行先に紐づく場合もあります。

　移行元と移行先の行（レコード）を特定するキー項目も明確にします。一部データのみを抽出して扱う場合は、抽出条件も明確にします。

　前タスクでマッピング済みのテーブル同士に対して、今度は項目ごとのマッピングを行います。特別な処理をせずそのまま移送するもの、変換テーブルを参照してコード変換するもの、いくつかの項目を結合するもの、数値の四則演算をするものなど、項目ごとの編集仕様もすべて記載します。移行プログラムの処理の大半はここに書かれることになります。

3. アーキテクチャー設計

前フェーズの移行アーキテクチャー要件に基づき、個々の移行プログラムをどう作るかのアーキテクチャーを設計します。例えば、移行先システムに一時テーブルを作成し、SQL Loaderなどのユーティリティを用いてデータをロードします。一時テーブル上でPL/SQLで作成した検証プログラムを実行し、検証結果を出力します。検証結果に基づき、移行元システムでデータを修正し、再度抽出から繰り返すといったようになります。

アーキテクチャー設計時には、起動プログラムや移行ジョブ管理ツールに何を使用するかも盛り込みます。手でSQLプログラムを書くかわりに、ETLツールを基盤として使う場合もあります。

4. プログラム処理設計

個別移行プログラムの処理設計では、個々の技術方式に則って処理設計を行います。どの設計もIPO（Input、Process、Output）を明確にすることは共通しているため、設計書のテンプレートは共通で構いません。設計書作成ガイドなどに、SQL Loaderの時の設定項目、PL/SQLの時のログ出力方針などを書いておきます。

5. 移行詳細計画

移行プログラムの設計と並行し、データ移行計画を詳細化します。前フェーズで作成した移行概要計画に対して、本フェーズで設計する移行プログラムをどのような順番で実行するかを計画に落とし込みます。個別の移行手順書は、構築フェーズでプログラム開発とあわせて作成します。

6. 構築フェーズ計画

設計フェーズの最後には、構築フェーズをどのように進めるかを計画します。開発対象の一覧と開発に用いる技術ごとの開発標準、単体テス

ト計画を作成します。単体テスト計画では、テストケースの洗い出し方針や開発品質を測定する指標、エビデンスの取り方なども事前に定義しておきます。

■構築フェーズ

構築フェーズでは、設計を行った一通りの開発対象のプログラムを作成し、単体テストを実施して設計通りの品質に仕上げます。本フェーズで個別のプログラムを実行する上での手順書も作成します。実行前の準備事項と実行手順、検証手順を詳細に記載し、開発した人以外でも実行できるようにします。

構築フェーズのデータ移行タスク

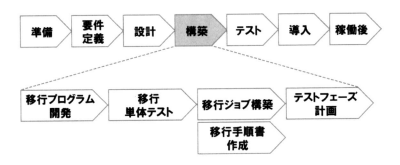

1. 移行プログラム開発

しっかりした設計書と開発標準ができていれば、開発作業は決して難しくはありません。そういう意味で難易度の高い経験を積みたい開発者にとって、移行プログラム開発はあまり魅力的ではないかもしれません。とはいえ、開発の型を身につけるという意味で、経験の浅いメンバーや若手にとってはいい題材とも言えます。ただし、最初に前提としてつけた「しっかりした設計書と開発標準」を用意することが重要です。

第1部 全体像と計画　25

これがない状態で、所詮移行プログラムだからということで、経験の浅いメンバーで取り組むと、後で痛い目を見ることになります。なぜなら、移行プログラムの不備は、移行済データの品質でしか明らかにならないため、表に出にくいのです。

また、移行プログラムの特徴として、多発する仕様変更があります。移行設計は、アプリ設計と並行せざるを得ないため、アプリ設計の変更の影響を大きく受けます。項目もエンティティもごっそり変わることも珍しくありません。変更情報が適切に受け渡しされていればよいのですが、規模が大きく逼迫したスケジュールのプロジェクトほど、こうした変更情報の管理や設計書のバージョン管理は行き届かないものです。

プロジェクトとしてうまくいかない中で、いかに核となる移行仕様とプログラムを作りつつ、変更に対応していくかは、データ移行における経験値がモノを言います（もちろん、キチンと管理できる人は経験が浅くてもできますが、そういう方ばかりでプロジェクトを進められることはほとんどないでしょう）。

2. 移行単体テスト

単体テストについても、計画書がしっかりしていれば難しくはありません。品質評価の指標やエビデンスも重要ですが、何より重要なのはテストケース洗い出しの方針です。命令だけでなく分岐を網羅させ、正常値と異常値をそれぞれケースとして盛り込むよう、チェックリストを用意しておくことをおすすめします。

単体テストの結果（エビデンス）については、移行プログラムの場合は、プログラムが出力した結果データと結果ログファイルを保管します。結果データについては、期待結果をあらかじめ用意しておき、Excelの数式で比較してOK/NGを明確にします。目視確認ではスペースなど見逃すこともあるため、IFやExistの関数を使って機械的に行います。項目数が多い時には、条件付書式で背景色をつけてNGを目立たせたり、countif

関数を使ってNGの件数を確認したりするのも効果的です。

3. 移行手順書作成

　移行手順書を作成することは、移行仕様やプログラムの検証にもつながります。必要な変換テーブルのデータがないことや、検証を行う時点ですでにデータが消えていて検証ができないなど、複数の手順をつなげてみて気づく不整合があります。移行リハーサルでこうした手順やプログラムの不備が多発すると間に合わなくなるので、今のフェーズでつぶしておく必要があります。起動バッチやシェルなどのプログラムが揃っていることも検証できます。

4. 移行ジョブ構築

　移行ジョブの実行管理ツールについては、通常一通り移行プログラムができてから着手します。プログラム数が多い場合は、開発と並行しジョブネットの設計を行います。個々のジョブを実行する前にどのジョブが実行されている必要があるか、前提後続の条件を明確にすることは手間のかかるタスクです。ただし、こちらも移行手順書と同様に、移行設計を検証するよい手段ですので、後回しにせず実施していきたいところです。

5. テストフェーズ計画

　テスト計画では、テストフェーズをどのように進めるかを計画します。元々移行チームは他チームの影響を意識しながら進めますが、ここからはより一層その色が強くなります。移行テストや移行リハーサルを計画する上では、アプリチームがどういうテスト計画を行うかに依存します。「アプリチームのテスト回数分だけ移行する」が原則です。

　テスト環境、検証環境、本番環境という3つの環境で、内部結合テスト、外部結合テスト、総合テストを行うのであれば、それにあわせて3回移行を行います。実データをどのくらい使うのか、データのマスキング

は行うのかなどを含めて計画を行います。

■テストフェーズ

テストフェーズのデータ移行タスク

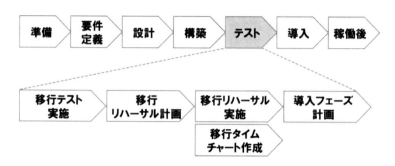

1. 移行テスト実施〜移行リハーサル計画〜移行リハーサル実施

　結合テストになると、期待通りの結果が得られない時の原因が増えてきます。大別すると、現行データ、クレンジング、移行プログラム、移行手順に分かれます。テストを予定通り、もしくは期間内に終わらせるための検討とあわせて、品質上の問題の原因を特定して手を打っていくことが重要です。

　また、結合テストでアプリチームやインターフェースチームがテストデータとして使う場合もあります。移行仕様の齟齬を早期に検知するきっかけになるため、積極的に活用したいところです。ただし、このタイミングでのユーザー部門の「触ってみたい」は注意が必要です。早く触って理解を深めたい、安心したい気持ちは理解しますが、問題の切り分けができない方がこの段階で触ると、過剰な不安を抱くことになる可能性があるため、慎重な対応が必要です。

　移行リハーサルで投入したデータを、どうテストシナリオに組み込むか

は重要です。せっかく取り込んだデータなので、画面やインターフェースの機能で使う、レポートや帳票出力して現新比較するなどフル活用しましょう。

2. 移行タイムチャート作成

　移行テスト、リハーサルの実施回数に正解はありませんが、アプリチームのテスト種類にあわせるのが一般的な考え方です。

　・単体テスト　移行テスト
　・結合テスト　移行リハーサル1
　・総合テスト　移行リハーサル2

　また、テストが追加になったり、リハーサルで目的が果たせなかったりした場合は、何度でも追加して実施すべきです。私の経験では6回やりましたが、それでも本番に想定外のことは発生します。

　回数やる必要があるだけリスクがある状況ではありますが、回を重ねるほどプログラムも手順も精度が上がり、実施者が習熟するのは間違いありません。

　海外ユーザーのネットワーク設定やクライアント端末は、設定が難しいです。現地法人に赴任しているスタッフの力を借りるのですが、こういう方は特殊な設定をしていることが多いので、現地スタッフのPCで試してもらうよう注意して下さい。

　仮想環境でインフラリソースを共有している場合も注意が必要です。一度はプログラムが十分な処理速度を出していたのに急に遅くなった場合は、別プロジェクトなどの理由でリソース割り当てを減らしていないか確認してみて下さい。

3. 導入フェーズ計画

第1部 全体像と計画 | 29

導入フェーズ計画では、導入フェーズをどのように進めるかを計画します。移行手順書と移行タイムチャートにまで詳細化されたタスクをもう一度まとめあげて、本番移行が滞りなく行えるか検証します。移行タイムチャートを用いて関係者で机上ウォークスルー（レビュー会議）を実施することもあります。

■導入フェーズ

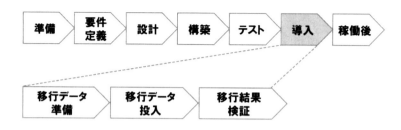

　本番移行実施タスクは、『1-2 本番データ移行タスク』で紹介した通りです。それ以外にあるのは、移行開始と移行終了の判定と、移行後の初回稼働確認です。移行完了は本番業務の開始にもあたるため、重点的に体制を組んで対応を行います。
　次の章では、データ移行の最初のタスクである要件定義を詳細化していきます。

1-4：1章のまとめ

　1章では、データ移行タスクの全体像について紹介しました。データ移行の要件定義やデータ移行計画の解説に入る前に、業務移行、システム移行との位置づけを整理しました。

また、システム開発における移行の位置づけについても整理し、データ移行が本番稼働直前だけのタスクではないことについて触れました。

　本番のデータ移行作業のイメージを深めた上で、フェーズ別にデータ移行タスクを紹介しました。どこまでタスクを進めておけば後からでも何とかなるのか、今決めておかないと後で苦労するのか、感覚をつかんでみて下さい。

第1部 全体像と計画　　31

2章 データ移行要件定義

1章ではデータ移行タスクの全体像を紹介しました。2章から7章までは、システム導入のフェーズに対応しています。2章をあえて第1部に含めた意図は、タスクの毛色の違いを明確にするためです。

移行におけるデータ移行の位置づけ

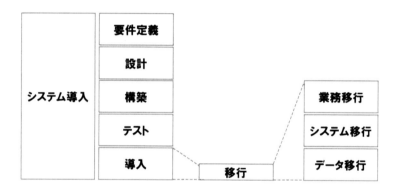

第2部（3章から6章）の移行準備は、設計、開発、テスト、リハーサルです。すべて本章で解説する移行要件定義で決めたことに基づいて準備を行うフェーズです。7章の本番移行を第3部に分けたのも同様の理由です。

本番移行は準備した通りに実行するものですが、移行時に発生した想定外事象も含めてやり切ることが必須です。やむをえずリリースを延期したり現行システムへの切り戻しをしたりという緊急事態の発動も含めて、やり切らずにやめるという選択肢はないのです。

2章では、プロジェクトとしてデータ移行で何をするのかを明確にし、要件として決めるべき内容を取り上げます。要件定義をきっちり行うことは、この後の移行準備や本番移行を円滑に行う重要成功要因になります。移行方針が定まっていない、新システムの情報が足りない、現行データが汚すぎる、など阻害要因は多いことが想像されますが、ひとつひとつつぶしていきます。

2-1：言葉の整理（移行要件、移行方針、移行計画）

　データ移行タスクの最初のステップは、「移行要件定義」です。1章で移行について位置づけを整理したように、移行要件、移行方針、移行計画といった関連する言葉の定義と位置づけを最初に整理します。

移行要件、移行方針、移行計画の位置づけ

移行要件	移行方針	移行方式
		データ移行対象
		クレンジング方針
		検証方針
		アーキテクチャ方針
	移行計画	概要計画
		詳細計画

　考え方によっては階層の上下関係が変わることもあります。どちらが正解というのはなく、タスク内容とアウトプットの認識が関係者で共有されていることが重要です。

　まずは3つの関係を以下のように定義します。要件を移行プログラムの要件ととらえ、移行プログラムの開発計画も含めると移行計画が上位

階層になります。要件、計画の前段として方針を位置づけることも可能です。あくまで一例として読み進めてください。

移行要件
┗移行方針
┗移行計画

■移行方針

移行方針には、これから移行を進めていく上でよりどころとするものを定義します。移行対象は何か、移行に使うツールは何か、移行に先立ちどんなデータ整備（クレンジング）をするのか、移行結果の確からしさをどう検証するのか。後続の準備を滞りなく進めるためにも、方針を明確にしておく必要があります。

■移行計画

移行計画では、移行方針に基づき定義した移行タスクをいつ誰が実施するのかを記載します。計画は段階的に詳細化していくため、要件定義フェーズで作成するものは、「移行概要計画」と呼ぶことにします。後続の設計フェーズで「移行詳細計画」を作成します。

2-2：移行方針と移行計画を作成する流れ

移行方針を作成するのに先立ち、移行対象の定義を行います。前提となる現行の移行元システムと移行先になる新システムを確認し、可能な範囲でエンティティまで明確化を行います。

次に移行方針の論点を出します。移行対象期間や絞り込み条件、現行データのクレンジング方針、検証方針、アーキテクチャー方針など、定めるべき項目を洗い出します。

34　第1部 全体像と計画

論点ごとに方針を決める上で必要な情報を収集し、分析を行います。必要なデータ保持期間を社内制度や法律で調べたり、クレンジング方針を決めるために現行データの分析を行うなどです。

　収集した情報を基に移行方針を決めます。移行対象と方針が定まったら、最後に移行計画を作成します。移行方式に合わせた本番移行のタイミングを仮置きし、概算で本番移行作業を見積もり、スケジューリングを行います。クレンジングや移行リハーサルなどのタスクも、必要があれば見直しを行います。

2-3：データ移行対象定義（何を移行するのかを定義）

　移行対象定義では、以下のような一覧を作成します。一覧ができれば完了です。そのために必要になってくるのが、新システムと現行システムのデータです。

▼移行対象一覧の項目

移行先情報	・システム名 ・エンティティ名 ・対象範囲（全件、5年分など）
移行元情報	・区分（システム、ユーザー手作成） ・システム名 ・エンティティ名 ・対象範囲（全件、5年分、最終顧客のみなど） ・項目数（目安） ・データ件数（目安）

　一覧はまずは移行先情報をベースに作成しますが、移行元の現行システムが廃止対象の場合は、一通りエンティティを一覧に載せておきます。移行先で保持しないエンティティのデータは、廃棄するのか別手段で保存するのか検討します。

　対象範囲には移行が必要な理由、例えば法律や監査で保持が必要な年

第1部 全体像と計画　35

数などを記載します。現行システムとは異なるルールでも、今後は顧客をライフサイクル管理したいため、全件保持すべきである場合はそのように書きます。

項目数とデータ件数は、今後の移行タスクの工数算出や本番移行の所要時間の見積もりに使用します。方針検討の参考にもなりますので、可能な限り情報を集めておきます。

■言葉の定義（データとエンティティとテーブル）

本書では、業務視点で扱うものを「データ」と呼び、論理データモデルで表現したものを「エンティティ」、物理データモデルで表現したものを「テーブル」と呼んでいます。

例としては、顧客データは取引先エンティティで保持しており、テーブル名はM_PARTNERとなります。取引先エンティティには仕入先データも含まれます。

別の例として、受注データは複数の商品データと紐づくため、T_ORDERテーブルとM_PRODUCTテーブルの他に、A_ORD_PRODというテーブルが必要になります。

2-4：データ移行方針定義（どのように移行するのか方針）

移行方針定義では何を方針として定めるのか、最初に論点整理を行います。主な論点として以下が挙げられます。

▼論点例

移行方式	・一括移行するか段階移行にするか
データ移行対象	・データ抽出や絞り込みの条件をどうするか
データ変換方針	・移行元と移行先のフォーマットや定義の違いをどこでどのように変換するか
データクレンジング方針	・現行データにどのようなクレンジングを行うか ・いつまでに誰がクレンジングを行うか

36　第1部 全体像と計画

データ検証方針	・移行テストやリハーサルをどのように実施するか ・どのテストでどこまで移行データを用いるか
データ移行アーキテクチャー方針	・どこまで手作業を排除するか、手順での回避を許容するか ・インターフェース（他システム連携）の流用を行うか

　検討の論点について関係者で合意ができたら、個別に議論を行い、方針と根拠を明確にしていきます。

■移行方式

　移行方式は大きく3種類あります。

移行方式の違い

一括移行	段階移行	
	拠点別移行	業務別移行
全地域、全業務を一括で移行	全業務を拠点別に段階移行	全拠点に対して業務別に段階移行

　①一括移行
　段階移行
　　②拠点別移行
　　③業務別移行

　ここで必要になる前提事項は、新システムの展開計画です。全ユーザー

第1部 全体像と計画　37

が同タイミングで利用を開始するのか、それとも段階的に利用者を増やしていくのかで移行のやり方は変わります。

　段階的に増やす方法も、拠点別や地域別など同じ内容の業務を展開する場合もあれば、最初は会計、次に販売などと業務領域を増やしていく場合もあります。

　段階移行はいくら同じ移行内容だとしてもテストや準備の回数は増えます。一括移行だと総コストは安く見込めるでしょう。しかし、新業務や新システムで何かあった時の影響も大きくなります。

■データ移行対象

　前項の移行対象一覧で定義した内容自体が方針になります。ここでは対象よりも、何らかの制約によって対象外にするものについて明確化し、合意しておくことが重要です。

　例えば、現行システムで登録し、ステータスが進行中で未完了のデータは、不整合を生むリスクがあるため対象外とするものがあります。方針の是非はさておき、対象外にする場合は、移行直前になるべく完了させるよう業務ユーザーに促しつつ、それでも完了しなかったものは新システム側で再入力してもらうことが必要になります。

■データクレンジング方針

　クレンジング方針として検討すべき点は、大きく2種類あります。データの縦と横です。

　データの縦とは行の不統一のことです。重複行が発生すると、情報が枝分かれしてしまい、業務で混乱を招く恐れがあります。また、同じ顧客の情報なのに一元管理されず、担当者がすべての情報を把握できない事態にもつながります。

　データの横とは列の不統一のことです。同じ項目なのに、表記揺れが発生していると、データ検索や集計に影響を及ぼしデータ分析時の誤り

や手間につながります。送付先アドレスや住所に間違いがあるとお客様に連絡できませんし、顧客データ検索でヒットしないとお客様情報を確認できません。

現行データを調査し、これらに該当し新システムの業務に影響の大きいものをクレンジング対象として洗い出します。

クレンジング対象によっては営業管理などのスタッフ部門で実施できるものもありますが、現場スタッフやマネージャーに修正を依頼しないと進められないものもあります。現場に依頼するとなると依頼内容の説明、現場からの回収と結果確認・再依頼など期間を見ておく必要があります。

■データ変換方針

現行システムで事前にデータクレンジングを行い、対象データのみを抽出したとしても新システムに取り込む前にデータ変換が必要になります。その変換をどのプログラムで行うかを決めておきます。

一番の候補になるのは、新システムへの取り込みプログラムの手前に、変換プログラムを設ける方法です。データ移行チームが新システムの導入プロジェクトの一部として編成されている際に有効です。新システムで必要とするデータ仕様を把握した上で変換することが可能なためです。

次の候補は現行システムからの抽出時あるいは抽出後に、現行システム担当にて変換を行う方法です。こちらは現行システムのデータ仕様と状態を熟知したメンバーが取り組むため、データの状態が想定と異なった場合にも柔軟に対処できる可能性が高まります。

■データ検証方針

プログラム品質はテスト計画や品質計画で行いますが、データ品質については移行方針で決めておくこともあります。

正しく移行できているかを検証する方法は、以下のようなものがあり

ます。

①件数チェック
②桁・型チェック
③マスターチェック
④現新比較

　件数チェックは、シンプルに移行元データと移行結果のレコード件数が一致するかを確認します。データ抽出や変換によって行数が変わる場合は、期待結果を事前作成し、一致するか確認します。最終的に件数だけでOKにすることは稀ですが、そもそも件数に不一致があるとその先のチェックをしても意味がないこともあるので、一次チェックに使うこともあります。

　桁・型チェックは、移行先で定義された桁数やデータ型に一致しているかを確認します。カスタム開発で、データベースのテーブル定義で制御できる場合はあえてチェックが不要ですが、パッケージソフトの場合は、共用のテーブル定義は100桁で持っておき、論理エンティティでは20桁に制限する場合などもあります。状況に応じたチェックが必要です。

　マスターチェックは、移行先のテーブルリレーション（例：ユーザーマスターの所属部門は部門マスターの値を参照する）に応じてマスターに存在しない値が入っていないかを確認します。マスターに投入予定のデータで事前チェックもできますが、確実な確認のためには、参照先のマスターとチェック対象のテーブルのデータが入り切った後で確認する必要があります。

　現新比較は、現行システムと新システムのデータを比較し確認します。キー項目が一致しているデータに対して機械的にチェックを行う方法と、BIツール（ビジネスインテリジェンス・ツール：現場の情報を意思決定に活用できるように分析、可視化するツール）などのレポートや印刷帳票

を出力して、現行と目で見比べる方法があります（システム側の作業対象になるテーブルレベルではなく、業務目線で一致していることの確認ができていることが重要です）。前者は、抽出データから一時テーブル、変換後テーブル、新システムのテーブルと段階があるので順番にチェックします。後者は業務ユーザーにて確認するのが効果的です。

■データ移行アーキテクチャー方針

データ移行アーキテクチャーは、自社の開発方法論や共通基盤を踏まえて移行ツールをどのように開発するかを決めます。

データ移行作業は、以下の作業に大別できます。

①現行データのクレンジング
②データ抽出
③データ変換
④移行後のデータ検証

アーキテクチャー方針では、これらをどのシステム環境のどのツールを使うかを定めます。以下は候補となるツールの例です。

採用するデータベース（DBMS）のユーティリティであるインポートや

ロード機能

ロード（カーソルロード）はインポートよりも処理速度が速いです。ある程度のロジックも書けるため、不要ならストアドプロシージャよりも少ない工数で済みます。しかし、一意制約や参照制約エラーのデータが途中であった場合に処理を最初からやり直しになってしまいます。エラーデータのログ出力もできないため、変換を伴う処理やデータ精度が高くない段階の処理には使わないほうがよいでしょう。

ストアドプロシージャ

ロードやインポートといったユーティリティよりも複雑な処理が必要な場合に使います。例としてIBM DB2のSQL Procedure、OracleのPL/SQLがそれにあたります。データを抽出し、カーソルに取り込むことで、1行1行を順次処理していくことができます。変換処理が複雑な場合は、この方式でプログラムを書く必要があります。しかし、エラー行をスキップして続けることもできますし、ログ出力処理を組み込むこともできます。

ETLツール

ETLツールとは、抽出（Extract）、変換（Transform）、ロード（Load）を行う専用ツールです。Informaticaなどが有名です。複数システムのデータベースやファイルをデータソースとして定義しておき、そこから必要なデータを抽出し、変換を行い、ターゲットとなるテーブルにデータをロードするまでをGUIで手軽に設定できます。項目のマッピングもドラッグ＆ドロップでできるため、骨組みをまず組み立てて、一部の変換処理のみ計算式やロジックとして埋め込んでプログラムを完成させます。

上記は、データ移行を実行するためのプログラムです。データ移行を実施する際には、これらを起動するためのプログラムも必要です。Unix/

Linuxであればシェルスクリプト、WindowsであればDOSバッチなどで作成します。起動用プログラムは移行プログラム共通で作成し、引数として個別プログラムを指定するのが通常です。起動用プログラムの戻り値によってジョブ管理ツールの動きを制御します。正常値は0、異常値（処理終了）は1、警告値（警告データはあるが処理継続）は9などです。

管理者用データメンテナンス画面

　管理者用の画面がパッケージとして用意あるいは構築され、しかもデータ件数が少なくかつ更新頻度が少ない場合は、あえて移行用にプログラムを作る必要はありません。画面で手作業するほうがシンプルです。結果のみはデータをエクスポートして比較するなど必要ですが、処理プログラムやジョブなど一式作成するよりは省力化できる可能性はあります。

　上記を自動で実行するために、ジョブ管理ツールを使うこともあります。早めにジョブネットを構築し、リハーサルを重ねて精度を上げておくことは本番を滞りなく進めるのに重要な要素になります。

　事前に抽出した論点について方針を明記できたら、方針定義は完了です。

2-5：データ移行概要計画策定

　データ移行計画はフェーズの進行にあわせて詳細化を行い、最終的に本番移行を行う前には確定版を合意します。

　データ移行概要計画では、前項のデータ移行方針を含めた、以下の項目を計画書としてまとめます。

・データ移行方針
・データ移行日（本番、リハーサル）

第1部 全体像と計画 | 43

・データ移行体制

・役割分担

・データ移行リスク

・コンティンジェンシー方針

次フェーズのデータ移行詳細計画では、概要計画に以下の項目を追加します。

・データ検証方法の詳細

・データ移行ジョブネット

構築フェーズでは、計画書の別紙として以下を作成します。また、移行体制等を本番にあわせて最新化を行います。

・データ移行手順書

・データ移行タイムチャート

テストフェーズでは、移行リハーサルの結果を踏まえて、移行手順書や移行タイムチャートを見直します。他必要ドキュメントもすべて見直しを行い、最終的に確定版を合意します。

2-6：設計フェーズ計画

設計フェーズに進むにあたり、要件定義フェーズでの未決定事項や課題の一覧化を行います。設計フェーズでは、項目マッピングや移行プログラム処理設計など作業ボリュームが増えます。

そこで、設計方針の作成や共通機能の設計を先行して行い、追加メンバーが増えた時に生産性を上げられるように準備を進めておきます。適

切にチームリーダーやユーザー側でレビューできるよう、工数を見積もり計画に盛り込むことも重要になってきます。

2-7：2章のまとめ

2章ではデータ移行の要件定義について紹介しました。移行方針と移行計画をあわせて移行要件として定義し、タスクの流れと考慮点を挙げました。

タスクの流れとしては、データ移行対象定義を行った上で、データ移行の方針定義を行い、その上で概要計画を行いました。

移行方針は、事前に定義した移行対象に加えて、移行方式やデータクレンジング、変換、検証、アーキテクチャーの方針をまとめました。

2

第2部 移行準備

●

第1部ではデータ移行に関するタスクの全体像と計画のベースラインになる要件定義タスクを紹介しました。第2部では本番移行までの準備タスクとして、移行設計、移行プログラム開発、移行テスト、移行リハーサルを紹介します。

～引っ越し準備～

　「はじめに」で紹介したように、引っ越し先が決まりおおよその荷物がわかると引っ越し業者を選定します。請け負った引っ越し業者は見積もり内容を元に、当日のトラックと作業員を手配します。ダンボールを事前に渡したりする程度で事前準備は多くありませんが、特殊な地形の家の場合、冷蔵庫やピアノなど大きくて重い荷物は扱えないこともあります。クレーンなどの機械を使うにも、道路に面している必要があるなど、制約があります。写真を撮って送る、下見にきてもらうなど検討を重ねてもどうしても無理な場合は、一部荷物のみ専門の業者さんに依頼することが代替手段になります。

　それぞれの部屋の荷物は通常はダンボール箱の単位でどの部屋に搬入するかを決める程度かもしれませんが、引っ越し後にすぐ生活を始めようと思うと、それぞれの物の単位でどの部屋のどの棚や場所に置くかを決める必要があります。

　通常は引っ越し後に開梱し片づけを行う時間をとっているため細かな作業まで決めることはないかもしれませんが、仕事などで時間制約が厳しい場合や、人手が足りない場合は、なるべく具体的に作業を決めておき、足りない備品がないかなどシミュレーションを行っておく必要があります。

3章 データ移行設計

　2章ではデータ移行に関する要件定義タスクを紹介しました。設計フェーズでは、定義した移行要件に従って、個別に移行プログラムの仕様を詳細化していきます。作業ボリュームの増加にともない、要員計画上も増員することが多いです。メンバー間で作業にばらつきが出ないよう、また想定される仕様変更にも対応できるよう、方針を明確にしておくことが不可欠になってきます。

　設計フェーズが終わった段階では、構築すべき移行関連プログラムの一覧と設計書が出来上がります。それらのプログラムを使う順番もあわせてデータ移行詳細計画に盛り込まれます。

3-1：データ移行プログラムのアーキテクチャー設計

　抽出、クレンジング、変換、検証をどこでどのように行うかアーキテクチャー要件として定義済みです。ほかには、ログ出力方針やバックアップ方針などを設定します。例えば、プログラムで処理を行うテーブルには処理ステータスフラグを持たせ、初期値をNとしておき、処理が完了したものにはYを付与するといったものです。

　バックアップについては、ソースデータとの比較をしやすいよう、受領ファイルをそのままのレイアウトでワークテーブルに取り込み処理を行います。テストフェーズで移行データを利用する場合には、移行後断面に戻せるようデータベースのまるごとバックアップ取得を行います。

　ログについてはトレース目的と解析目的の情報を出力します。ファイル出力かテーブル書き込みはどちらでも構いませんが、ファイルの場合キー項目を基に元データを検索する必要が出るため、データベース上の

第2部 移行準備　49

テーブル書き込みをおすすめします。

3-2：データ移行対象詳細化（何を何に移行するのか）

　要件定義で作成した移行対象一覧に、移行元と移行先それぞれの物理テーブル列を追加します。キー項目の列も追加しておくと突合せの時に使いやすいです。物理モデルになると多対多のテーブルを結合する中間テーブルも出てきます。主となる移行先の行に含めて書いておきます。

3-3：データ変換設計（移行元と移行先項目マッピング）

　テーブル定義書とER図（エンティティリレーションシップ図。テーブルとテーブル間の関係（例1:1、1:Nなど））も前提として必要になります。
　マッピング定義書には、移行元の項目名、桁、型、移行先の項目名、桁、型に加え、編集仕様列を持たせます。移行先テーブル、アプリ側の保持仕様に従って編集仕様を決めていきます。

■データ変換処理

　項目ごとのデータ変換には、以下のような処理があります。

　・単純移送（変換なし）
　・コード変換（コードマスタ使用）
　・四則演算（数値項目）
　・結合、分割
　・ケース分岐（条件ごとに設定値や設定項目を変える）

■データの桁チェック

　「移行先の桁数＜移行元の桁数」になっていないか、Excelの数式でチェックします。移行先の桁数が不足している場合は、移行先の桁数を

増やすか、移行元データを削るかの2つから方法を検討します。

　カスタム開発かつ桁数の拡張が可能であれば、変更を行います。ただし、似た項目などで同じ桁数に揃えている場合もあるので、他の項目と整合をとるよう注意します。また、データベースのカラム定義に基づいて、アプリ側で桁数チェックを行っている場合もあります。こちらとも整合が必要です。

　移行元の実データを確認し、実際に使われているデータの桁数があふれていなければ、移行元データの変換時に桁数を削ることも可能です。その際、スペースが埋められている場合はtrim関数（ltrimなど）、0が埋められている場合は数値型に変換する関数などを使います。移行元がホストの場合は、小数点が付与されていない場合が多いので注意します。マイナス値が−記号ではなく符号で設定されている場合もあるのでこちらも注意が必要です。

　桁あふれに関しては、単純移送以外に、四則演算している場合も注意が必要です。7桁同士の項目を掛け合わせる場合、単純に14桁必要になってしまいます。シンプルな場合は設計上で考慮できますが、計算式が複雑な場合は机上での考慮は難しいため、新業務での必要桁数である移行先を超えないかを現行データ分析時にチェックしておきます。また、実データテストの時にも、超えるデータがないかをチェックします。当然、移行プログラムには桁数が超える場合にログ出力できるよう、制御は行っておきます。

　整数の桁数に注意がいきがちですが、小数点以下の桁数についても確認は必要です。「numeric(10,2)」という書き方をしている時に、整数が8桁、小数が2桁なのか整数10桁、小数2桁なのかも確認しておきます。

■データの型チェック

　日付の場合はフォーマットを確認します。「yyyy/mm/dd」の形で移行元がどう入っていて移行先をどう設定するか決めます。

第2部 移行準備　51

文字列の場合は、値に改行コードが含まれてないかを確認します。区切り文字で、値の先頭と最後を認識する、あるいはエスケープシーケンスで改行コードを認識させる方法があります。

　なお、設計時のチェック項目としてあげていますが、移行元データを最初に取り込むワークテーブルはすべてVARCHARなど文字列型でそのまま取り込んでおくことをおすすめします。取り込み時に0を落としてしまったり、想定外の変換がかかってしまうことを防ぐためです。

3-4：データクレンジング設計

　前フェーズで設けたクレンジング方針に基づき、具体的にどのテーブルのどの項目をクレンジングするか一覧化を行います。

　縦のクレンジング（行の不統一）については、どの項目を見て行のマージを行うかの条件と、行マージした際の項目ごとのマージ方法を記載します。マージ方法は、以下のような方法があります。

- ・主となる行の値を採用（他の行の値は捨てる）
- ・マージ対象の行の値をすべて結合する（最大桁数を超える場合は捨てる）
- ・個別に値を設定する

　横のクレンジング（列の不統一）については、項目ごとの不適切な要素を抽出し、どう解決するかを記載します。

　例えば、ダイレクトメールの送付可否を識別する項目「DM送付」で以下の3種類の値を管理するとします。

　1:希望する

　2:希望しない

　3:不明

移行データにブランクの値があった場合、それは「3:不明」なのか「2:
希望しない」なのかを明確にします。確認がとれなければ「3:不明」にす
るしかありませんが、ブランクのまま残すのは適切ではありません。

クレンジング対象と方法を記載した一覧は、実施優先度もつけて分類
しておきます。対象件数や項目が多くなり、すべてに対応するのは非効
率なためです。

3-5：データ検証設計

クレンジング設計と同様に、前フェーズで設けたデータ検証方針に基
づき、具体的にどのテーブルのどの項目をどう検証するか一覧化を行い
ます。

大きくはデータ移行プログラム（データ変換プログラム）に含めるも
のと、それ以外に分かれます。件数チェック、桁・型チェック、マスター
チェックはデータ移行プログラムに含め、検証結果がNGのものをログ
ファイルやエラーテーブルに出力し、確認と対処がしやすいようにし
ます。

現新比較のようなものは、データ移行とは粒度が異なる場合もあるた
め、別で実施します。

3-6：個別移行プログラムの処理設計

基本的には、主となる対象テーブルに関連テーブルを外部結合した表
をカーソルに取り込み、ループさせて1行1行処理を行います。

縦横変換を行う場合は注意が必要です。横持ちを縦持ちに変換する場
合は、union して処理を行います。 縦持ちを横持ちに変換する場合は、
同じテーブルの別レコードを外部結合させて横持ちの表として処理を行
います。

3-7：マスターごとの移行注意事項

　これまでの説明は移行データ全般に共通する内容でしたが、データの種類によって注意すべき点が異なるのも移行の特徴です。本項では一部のマスターを例に、その特徴と注意点を紹介します。

■ユーザーマスター

　ユーザーマスターとはそのシステムにログインするユーザーのことです。一見当たり前に見えるユーザーという言葉も、ディーラーとユーザーのように自動車業界で言葉を並べると、ユーザーは実際に車を使うお客様を示すことになります。言葉の定義は重要です。

　ユーザーマスターが持つ主な項目は以下の通りです。

・ユーザーID
・氏名
・メールアドレス
・電話番号
・所属部門
・役職
・権限
・削除フラグ

　ユーザーマスターの一生（作成から削除までの管理サイクル）を考えてみます。入社時に、ユーザーマスターにデータが登録され、退職時に削除されます。在職中には、部門異動で所属部門が変わったり、利用する権限が変わったりします。昇進を通じて役職とともに権限が変わることもあります。会社の合併や分社化によりメールアドレスが変わることもあります。

項目ごとの注意点を挙げておきます。

▼ユーザーマスターの項目の注意点

ユーザー ID	移行時に変換することはほとんどないと思うが、しいて言えば先頭0がある場合に誤って消さないこと
氏名	後述する旧姓のケース
メールアドレス	新システムで送付先として使用する場合、機械的な「@」チェックをクレンジングの際に行っておくとよい。Lotus Notes のアドレスだと Notes 以外で使えないので、いわゆるインターネットの E メールアドレスであることは移行元に確認
電話番号	単なる属性情報として持つだけならテキスト情報として細かな制御は不要。ハイフン有無や国番号などの統一も必要があれば行う
所属部門	従業員に部門異動はつきものなので古い情報になっていないか注意が必要
役職	属性情報としての表示のほかに、ワークフローで承認階層を設定するのに使うこともある
権限	新システムでの利用画面や機能、データの参照や更新範囲を指定する。移行元システムでの利用権限から変換することもあるが、移行に向けて新規で検討し設定することが多い
削除フラグ	退職時にユーザーは削除されるが、在職中に関わったデータに担当者として登録されることもある。設計によるが、その場合の氏名をマスターから参照する場合もあるので、ユーザー情報を物理削除するのはおすすめしない。そのための削除フラグ

ユーザーマスターに関連するマスターは、以下のものがあります。

▼ユーザーマスターに関連するマスター

従業員マスター	ユーザーマスターは従業員マスターとパートナーマスターを元に作成することもある
部門マスター	所属部門の名称や部門の階層を持つ
権限マスター	利用可能な画面や機能、データの参照や更新の範囲
役職マスター	属性情報としての表示のほかに承認ワークフローに参照することもある

そのほかの注意点として、「海外現地法人への出向」や「結婚後も旧姓

第2部 移行準備 | 55

で仕事したい」があります。

　ユーザーマスターが全社統一の従業員マスターを元にする場合、所属部門として原籍が表示されてしまい、海外現地法人などへの出向先情報が取得できないことがあります。多くは出向先が別会社の場合は、そちらでユーザーIDやメールアドレスを作成されます。やみくもに移行してしまうのではなく、業務として利用するのはどちらのユーザーIDなのかを確認し、移行するよう注意が必要です。

　結婚後も旧姓で仕事をされる方もいらっしゃいます。新システムが姓や名前と別に表示名を持っている場合は、そちらに仕事で使いたい姓を反映します。もしくはミドルネーム項目を使うのもひとつの手です。注意が必要なのは、移行時には旧姓を設定したのに、人事マスターなどから情報をインターフェースする際に上書きされてしまうケースです。

　上記以外にも様々な使われ方や例外ケースがあり得るので、移行時には運用経験のある方にもヒアリングし、考慮事項を洗い出すことをおすすめします。

■顧客マスター

　顧客マスターについては、顧客とは誰のことかを明らかにします。商品やサービスを受ける消費者（最終顧客）のことなのか、その企業からの卸先（代理店など）のことなのか。企業が顧客になる場合は、法人全体でくくると大きすぎることがあります。相手先になる部門や担当者が顧客になります。

　顧客マスターが持つ主な項目は、以下の通りです。

・顧客コード
・顧客名
・顧客分類
・住所

56　第2部 移行準備

・電話番号

・URL

・自社の営業担当者

・出荷先

・請求先

・取引禁止フラグ

・削除フラグ

顧客マスターの一生（作成から削除まで）を考えてみます。販売管理システムの場合は、商談がまとまり口座登録するところから顧客マスターの登録が始まります。CRMシステムの場合は、営業担当が見込顧客として登録するところ、もしくはキャンペーンなどでリード登録するところから始まります。顧客マスターを軸に個々の取引や商談などのトランザクションが登録されます。マスターに変更が加わるのは、顧客側の定期的な組織変更です。そして会社分割や統合なども珍しくはありません。

顧客マスターに関連するマスターは、以下のものがあります。

▼顧客マスターに関連するマスター

得意先マスター	顧客マスターが見込顧客を管理する場合、取引開始時に得意先マスターに登録される流れになる
仕入先マスター	顧客でもあり仕入先でもある場合がある
DUNS、四季報など	基本情報は外部購入情報と紐づけて管理することもある。DUNS（The Data Universal Numbering System）とは1962年にアメリカのダンアンドブラッドストリートが開発した9桁の企業識別コードのこと。世界の企業を一意に識別できる企業コード

【参考】名寄せについて

外部購入情報や口座登録が元になっていると、重複を排除した管理が可能になりますが、CRMのように営業担当が個別に顧客登録する場合は、重複登録を運用で防いでいく必要があります。企業名も、個人名も、

あるいは世帯情報も、データ移行を機に重複データを名寄せしていくよう検討が必要です。

■商品マスター

商品マスターとは、企業が顧客に提供する商品を管理するマスターです。大きく以下のような情報を持ちます。

・商品を特定するコード
・商品をあらわす名称
・商品の分類
・商品の価格
・商品の特徴

商品マスターが持つ情報は上記の5種類だとしても、項目数は100を超えるのが普通です。同じ商品だとしても、管理する部門によって管理する情報が異なるからです。

商品コードひとつとっても、

・JAN/EANのような業界標準のコード
・自社独自の商品コード
・仕入先のメーカー型番（製造番号）
・納入先の顧客商品コード

などがあります。自社独自の商品コードがメインにはなりますが、こちらも海外の生産工場や、販社で扱うローカル商品は別のコード体系になることも少なくありません。

商品名称についても、正式名称、商品名（通称）、カナ名称、英名などあります。

58　　第2部 移行準備

商品分類については、管理部門を明確にするための分類が多いですが、分析し手を打つために分類項目は増えていきます。また階層になるのも特徴です。

　価格については単一のテーブルでは管理しきれません。商品の価格とは、売るための標準単価をベースに、様々な値引きなどの条件が設定されます。そのロジックと売価は商品マスターの関連テーブルとして管理されます。

　販売単価以外にも、仕入単価や売上原価、TP（Transfer Price、グループ内の取引価格）もあります。

　商品マスターで扱う特徴は、商品のサイズ、管理単位など様々です。いくつかの商品を組み合わせて1つの商品として扱うキット品などもあるため、何を商品として扱うかによってデータは増えていきます。

　商品マスターの一生（作成から削除まで）を考えてみます。自社開発の商品は、社内の開発ステップを経て商品化されたタイミングで新商品として登録されます。仕入商品も、扱うことが決まると商品登録されます。システムとしては取扱開始日に先立って登録されるため、予約のようなステータスもあることに留意します。商品マスターは価格や管理部門など業務に応じて更新されます。最終的には、生産中止や取引中止になる少し前から在庫調整を行い、その役目を終えます。

　移行に際して特別な加工を行うことはあまりありません。一方でとにかく管理する項目が多いため、新システムとの項目マッピングが重要になります。意味定義として異なるものをマッピングしてしまうと後々影響があるので、実データを用いて、帳票やBIレポートで現新比較など検証されることをおすすめします。

第2部 移行準備

3-8：データ移行詳細計画策定

　設計フェーズの検討内容を踏まえ、データ移行概要計画に変更があれば、見直しを行います。本フェーズでの追加事項は、移行ジョブネットです。移行処理のジョブとは、個々のプログラムの処理のことです。例として、顧客データワークテーブルロード処理、顧客ワークテーブルチェック処理、顧客データ変換処理、顧客データ取込処理などがジョブにあたります。

　ジョブネットはジョブの集合体です。ジョブネットは階層化できます。先の例であげたジョブを「顧客移行ジョブネット」と呼び、その他のジョブネットも含めて「移行ジョブネット」と呼びます。

　ジョブネットを組む上で考慮する依存関係の例は、以下のようなものがあります。

　・全件移行処理　→　差分移行処理
　・マスター　→　トランザクション
　・親テーブル　→　子テーブル

　データ移行期間が数日を超える場合は、移行開始時に現行システムから全件抽出し、継続して現行システムを稼働させます。その後、全件抽出後の差分データを抽出し、残りを移行します。

　また、移行データ取り込み時に採番されるIDもあります。それを外部テーブルへの参照キー（外部キー）として設定する場合があるため、原則としてマスターデータを取り込んでからトランザクションデータを、ヘッダーと明細のように親子関係がある場合は、親テーブルを取り込んでから子テーブルを取り込むようジョブネットを組みます。

　データ取込後の更新処理については、後続に影響する場合は、個々の処理のすぐ後に行います。全体に共通する処理であればすべての取り込

み後にまとめて行うことも可能です。

3-9：構築フェーズ計画

　構築フェーズに進むにあたり、設計フェーズの未決事項や課題の一覧化を行います。また、円滑に開発と単体テストが進められるよう開発標準と単体テスト計画を作成します。

　開発標準では、以下のような内容を定義します。

■ PL/SQL

変数・定数のネーミングルール

データ型に応じて変数の接頭辞を設定します。

・予約後はすべて大文字

・データベースオブジェクトも大文字

インデント

タブでインデントを行います。半角・全角のスペースは使用しません。

コミット件数単位

　5000件毎など設定します。件数を増やすと処理は速くなりますが、途中で処理が異常終了します。

例外処理のハンドリング方法

エラーは以下の3種類で要件に合わせて設定します。

・警告エラー：処理をそのまま続行して問題ない軽微なエラー。対応
　　検討のためエラーログ出力のみ行い、処理を続行します。

・スキップエラー：エラーが発生したレコードは処理続行できないも

のの、他のレコードは処理を続行してよい場合に使用。エラーログ出力後、対象レコードの処理をスキップさせた上で次レコードを継続します。

・例外エラー：エラーログが出力した後、処理を中断します。

■SQL Loader

TRUNCATEかAPPENDのモード指定ルール。
コントロールファイルのサンプルソースを掲載することもあります。

■パッケージの取込ツール

処理タイプ（INSERT、UPDATE、DELETE）。
処理対象テーブルの絞り込みやバッチ処理単位行数による処理パフォーマンスを向上させます。

■ワークテーブル共通項目

・作成者
・作成日
・処理済フラグ（N：未処理、Y：処理済）

■ファイルのヘッダー記述ルール

・ファイル名
・プログラムID
・作成者
・作成日
・バージョン
・概要
・変更履歴

■単体テスト計画

　単体テスト計画では、単体テストの実施方法と品質指標を設定します。

　単体テストの実施方法としては、プログラムをコマンドラインで起動する際の引数と戻り値といった共通手順や結果ログファイルの出力先、結果データのチェック方法を記載します。

　品質指標としては、具体的にはテストケース密度とバグ密度です。ソースコードのステップ数（行数で概算することもあります）に対するテストケース数が少なすぎないかを測定したり、同じくステップ数に対するバグ数が少なすぎないかを測定します。バグ数が少ないのは品質がよいことではあるのですが、バグ修正を通じて品質を作り込む側面もあるため、数が少なすぎる場合は注意が必要です。

3-10：3章のまとめ

　3章ではデータ移行の設計タスクを紹介しました。定義済みの要件に従って、アーキテクチャー、変換、クレンジング、検証、個別プログラムの設計を行いました。

　2章で策定した概要計画の見直しも行い、移行詳細計画の策定を行いました。

　次フェーズではプログラム開発に入るため、具体的な処理や手順まで落とし込まれていることが重要になります。

4章 データ移行プログラム開発

　4章では、設計書と開発標準に基づいて実際にデータ移行プログラムの開発を行います。コーディングそのものに関して、私が書けるノウハウは多くありませんが、ヒューマンエラーを減らし短時間で効率よく開発するのに役立つコツを紹介します。

4-1：開発環境の整備

■エディター

　いくら移行プログラムとはいえメモ帳でソースコードを書くのは非効率です。「秀丸エディタ（作者：秀まるおさん／シェアウェア）」や「サクラエディタ（開発元：サクラエディタプロジェクト／フリーウェア）」を使うと、かっこの閉じ忘れなど視認性が高まります。

　エディターを使うメリットとして、移行元データを扱いやすいことも挙げられます。CSVファイルをExcelで開く際に、数値項目の先頭0が落ちてしまう危険性があることや、メモ帳ではファイルの改行コードの形式や文字コードを識別しづらいことは、エディターを使うと解消できます。

■データベース開発

　OracleのPL/SQLや、DB2のSQLプロシージャを始めとしたSQL言語を用いたプログラム開発には、データベース開発支援ツールとして著名なSI Object Browser（システムインテグレータ社製品／有償）や、SQL Developer（Oracle社／無料）が有用です。OracleのSqlplusでも結果を

64　　第2部 移行準備

ファイル出力（spool）は可能ですが、ツール上で結果を表形式で確認し、ファイルエクスポートやExcelへの貼りつけが可能になるため、生産性は向上します。

■ETLツール

　私の経験では、移行元からの受領ファイルをワークテーブルにSQL LoaderやImportユーティリティを用いて取り込み、データ変換をPL/SQLやSQLプロシージャで行うことが多かったです。

　一方、ETLツールと呼ばれるデータの抽出、変換、取り込みを行うツールを用いると、手書きでLoaderのCTLファイルやSQLプログラムを書く量を減らすことができます。データソースは定義情報として管理し、項目のマッピングなどをドラッグ＆ドロップでGUIを使って構築できるため、特にコードを書きなれてない人には無用なコンパイルエラーに悩まされることを減らせます。コーディングミスも減るため、費用対効果含めて導入が許されるなら、使わない手はないと思います。必要なロジックのみをコードで書けば済むため合理的です。

■Diffツール（差分比較ツール）

　WindowsであればDF（作者：MYONさん／フリーソフト）が便利です。比較対象のファイルやフォルダを指定すると、違いを左右で表示してくれます。移行元から受領したデータがぱっと見前回と同一に見える場合や、依頼した修正点以外が更新されてないかをチェックするのに使えます。

4-2：単体テスト実施

　移行プログラムのコーディングが完了し、無事にコンパイルが通ったら、単体テストを開始します。単体テストを実施するには、以下が必要

になります。

・単体テストケース
・単体テストデータ
・期待結果
・コンパイル済みプログラム

　単体テストのケースやデータ、期待結果までできていれば実施するのみですが、設計フェーズの準備段階でここまで詳細化されていることは珍しいです。また、仕様変更や開発時に検知した設計不備の修正を踏まえ、テストケースやデータにも変更が入ります。単体テスト実行の工数に比べれば、テストケースやデータの整備、テスト結果のまとめにかかる時間のほうが数倍かかると見込んでおくことをおすすめします。

　単体テスト工数を省力化するために、エビデンスを省略することがあります。これは、移行プログラムに関してはおすすめしません。結果画面キャプチャを取得し、テスト結果をExcelに整形する手間をかけるのは、たしかに価値の高いタスクではありません。しかし、移行プログラムにとっては、多数の処理手順があるわけではなく、必要データを用意してプログラムを起動し、結果を取得することが主になります。そのため、結果データのテーブルとログファイルについて取得するのは、手間はかかりません。結果データを期待結果と突き合わせるのは、時間はかかりますが、最初にフォーマットを作っておけば再利用が可能です。エビデンスを作らずに実施するほうが、対応漏れやチェック漏れに気づくのが遅くなり、余分な工数がかかってしまう可能性もあります。

　期待結果との突き合わせはExcel上で数式（＝やexist関数）を用います。目視チェックは、スペース有無やスペースの全半角など気づきにく

いものもありますし、項目数が多くなると人的ミスの可能性も増えるため、極力排除するのが望ましいです。

　移行プログラムのテストは、設計通りにできていることの確認が主目的ではありますが、想定外のデータパターンに遭遇した時は、チェックや変換のロジックを追加が必要になることも多いです。

4-3：プログラム開発バグの分析

　移行プログラムのバグには、直接原因と根本原因があります。直接原因は、プログラム不備、環境不備、設計書不備、使用製品の不備に分類されます。一方で根本となる原因としては、仕様不備については要件自体が不明確だったのか、要件定義内容に不備があったのか、設計時の検討不足なのかと細かく原因究明すべきです。

プログラム開発バグの分析

		根本原因		
		仕様不備	担当者原因	管理体制原因
直接原因	プログラム不備	-		
	環境不備	-		
	設計書不備		-	
	製品不備	-	-	-

　仕様や製品の不備以外にも、担当者の手順誤りやスキル不足、仕様確認不足などがあります。レビューやコミュニケーションという管理体制

に起因するものもあります。

移行プログラムにおいては、移行データの問題なのか、アプリ仕様の問題なのか、それとも移行チーム内の問題なのかを切り分けられるようにしておくことが、健全なチーム運営を行う上で重要になってきます。すべて自チームの責任ということもありませんし、すべて他チームの責任ということもないのです。

4-4：データ移行手順書の作成

単体テストの目途が立った段階で個々の移行プログラムに対する手順書を作成します。移行プログラムは、本番稼働後も使い続けるわけではないので、すべてをプログラムロジックとして実装する必要はありません。しかし、事前データチェックやデータパッチ（特定レコードの特定項目を直接更新すること）のSQL文をいくつか実行していると、他のメンバーが抜け漏れなく実行することが難しくなります。

これらの手順は、単なる手順だけではなく仕様変更の影響範囲として意識する必要があるため、早期に作成し、プログラム同様に精度を高めていくことが肝要です。

4-5：データ移行テスト計画

本フェーズで構築した移行プログラムと移行ジョブネット、移行手順書を本番移行に向けて品質を上げていくことになります。

プログラムや手順書を作成した人以外がテスト実施者になることや、移行ジョブネットを自動で実行させてみることは非常に効果的です。最初はうまく実行できずに苦労するかもしれませんが、手順やジョブネットの不備が解消されると、繰り返し実行が格段に楽になります。

データ移行テスト計画では、テストの目的、範囲、評価方法、環境、ス

ケジュールを記載します。移行テストとリハーサルは何回やるかを事前に決めておき、それぞれの回で何を目的とするかを明確にします。例として、1回目には時間測定と手順の問題点を洗い出し、2回目でチューニングや手順整備の結果を踏まえて問題なく実施できるかを検証します。問題が解消するまでは、追加で実施することも多いです。

4-6：4章のまとめ

　4章では、データ移行プログラム開発における環境整備や単体テスト実施について紹介しました。

　開発不要、テスト自動化などが叫ばれる昨今ですが、車の自動運転と同様に完全に人手が離れるまではまだまだ段階を経る必要があります。

　開発標準、テストや検証の方針、バグ分析などは、古典的ではありますが、個々のプログラマが気持ちよく開発を進めるのに有用と思います。

5章 データ移行テスト

　本書において、データ移行テストとは「プログラム間の結合テスト」を指します。開発タスクの一部である「単体テスト」と、テストとは切り出した「移行リハーサル」の間に位置づけています。

　個々のプログラムの設計内容通りに単体プログラムが動作することの検証は単体テストで完了しており、単体プログラムとしての品質が確保されていることを移行テストの開始前提とします。

5-1：移行テストの検証内容

■データ移行の実施順序

　移行テストでは、設計時に想定した移行順で問題がないかを検証します。先に入れておくべきマスターがないか、あてておくべきデータパッチがないかを洗い出します。移行ジョブを通して実行してみると、個別プログラムのテスト時に見落としていた依存関係が浮き彫りになります。これらをプログラムや手順に反映します。設計変更時に追加になったマスターデータが事前投入の手順から漏れるといったことはありがちなため、検証を通じてつぶしていきます。

　個別ではなく通しで実行することで、共用している一時テーブルのデータ消し忘れの影響に気づくこともあります。

■データクレンジングの状況把握と残課題洗い出し

　このフェーズでは、改めてデータクレンジングの進み具合と残課題を洗い出しておきます。業務部門に依頼したクレンジングが予定通り進ん

でいるか、進んでいない場合は対策を検討します。

■データ検証プログラムの精度向上

データ移行プログラムの開発としては変換、取込みプログラムが優先されますが、このフェーズになってくると検証プログラムが必須になります。検証精度が上がっていないと、取り込み後に問題が多発するため、問題や影響の特定に時間がかかります。

検証精度を上げるには、とにもかくにも実データとアプリや帳票でのデータ利用です。可能ならば実データを全件移行し、想定外のエラーが発生しないかを確認することをおすすめします。キー重複、マスター不整合、名寄せ不整合などを新たに検出したら、移行プログラムを修正すると同時に検証プログラムにも反映を行い、精度を上げていきます。

■データ変換の処理時間測定とチューニング

実データ取り込み時には、処理時間を測定しておきます。処理件数が増えると、想像以上に時間がかかることがあります。1秒で100件の処理がされているとすると、60万件のデータを処理するには100分かかることになります。600万件だと1000分つまり16時間かかります。これが全体のデータ移行枠に収まっていればよいのですが、通常これだけの枠が許容されることは少ないです。途中でプログラムが落ちて再実行が必要になる可能性もゼロではありません。まずは、処理時間を測定し、各プログラムの処理速度の観点での性能を評価します。

ただし、プログラムに手をつける前にやるべきことがあります。プログラム内で参照するテーブルのキー項目にはインデックス（索引）を貼ることと、データベースの統計情報取得、索引の再編成です（むやみに実行しても解消しないので、プロジェクト内のデータベース管理者に確認をとって下さい）。それでも処理速度が遅い場合は、SQLの組み方に問題がないか確認します。

第2部 移行準備 71

■移行データをアプリテストで利用することによる精度向上

　アプリチームのテストで移行データを使ってもらうことも、精度向上に役立ちます。どんなに完璧に移行プログラムの設計に努めても、アプリ側の設計が移行設計に連携し切れてなければ反映しようがないからです。仕様変更の管理プロセスを徹底すると同時に、どのテストでどの移行データを使うかを整合しておきます。そこで検出した不具合は、検証、変換の移行プログラムに反映させます。

■実データでのテスト

　実データでテストを行うことにより、想定外のデータパターンの検出と大量データの処理時間と想定外事象の検出に役立てられます。
　実データの検証で、データ変換処理での二重ループを検知することもあります。処理件数が少なく、処理時間に問題がなければそのままでも構いませんが、本番と同様の件数を処理する際に影響がある場合は、設計の見直しを行います。
　実データの検証ではプログラムの処理に限らず、受渡し場所へのアップロードやダウンロード、ネットワークの転送速度にも注意します。転送時には圧縮してから行うほうが時間短縮にもなるので、初期のデータ授受の間の試行錯誤を通じて手順を確立してしまうことをおすすめします。

5-2：データ移行タイムチャートの作成

　移行テストを通じて、もしくは移行テストが完了した段階で、個々の移行手順をどういう順番で実施するかを定義した移行タイムチャートを作成します。作業計画であるWBS（Work Breakdown Structure）やガントチャートを時間単位に落としたようなものです。

【データ移行タイムチャートの項目例】

・作業ID

・作業内容

・作業手順書名称

・前提作業ID

・作業者

・管理者

・開始予定時刻

・終了予定時刻

・開始実績時刻

・終了実績時刻

これにより、いつ誰が何をするかを可視化し、何が終わってないと次に進めないかの依存関係を明確にします。

5-3：データ移行リハーサル計画

次フェーズ計画としては、データ移行リハーサルの計画を行います。

■リハーサルで検証したいもの

リハーサルで試したいもののひとつが移行手順です。可能なら手順を作成した人と別の人が手順書を見ながら実行し、問題なく実行できるか検証を行います。発生した問題については分析し、移行プログラムや移行手順に反映します。

■移行手順は実用に耐えるか

リハーサルでは処理時間を測定します。本番移行はシステムの停止時間が決まっているので、全体枠を超えてしまうと多大な影響があります。データ移行の処理自体は減らせないので、個々の処理時間を測定してお

第2部 移行準備

き、チューニングや全体バッファの見直しなどを検討していく必要があります。

　時間内に処理できない場合の対処法としては、以下のような方法があります。

・SQLチューニング
・DBチューニング
・インフラ増強

　SQLチューニングは開発担当でも実施できますが、本数が多くなると修正と再テストの工数も大きくなります。インフラ増強は、個々のプログラム修正は発生しない一方で、スロットの空きや共用環境のスケジュール調整、追加調達のリードタイムなど違った考慮が必要です。

■リハーサルでは本番移行と移行リハーサルの違いを明確にしておく

　リハーサル時には、本番移行との違いをなるべく少なくしておきたいです。

　以下は事例です。参考にして下さい。

・本番移行で利用するPC端末の性能が低く、リハーサルよりも処理に
　時間がかかった
・USBでの受け渡しができない
・セキュリティ制御により利用不可
・工場の埃で物理的に使えない
・USBディスクフォーマット形式の制約
・Gbyte単位のファイルがコピーできない
・フォーマット形式の違いで認識できない（Windows⇔Linux、Windows
　⇔Mac）

・ZIPファイルがOS環境の違いでUNZIPできない

・ファイル名が長すぎて展開できない（Windows、Linux）

5-4：5章のまとめ

　5章では、データ移行テストの検証内容と、移行タイムチャートの作成について紹介しました。

　このフェーズは、移行プログラムの結合テストや処理パフォーマンスの評価に加えて、データクレンジング実施を経ての実データの精度、移行手順書の精度なども含めて検証を行います。作業実施者の習熟も含めて移行リハーサルを迎えられる状態に近づけていきます。

　並行して本番データ移行のタイムチャートへの落とし込みも行っていきます。

6章 データ移行リハーサル

6章では、インフラ環境、データ移行プログラム、移行手順、移行体制など、本番と比べて何が違うのかを明確にしながらリハーサル計画を立て、実行していきます。

6-1：データ移行リハーサルの回数

移行リハーサルを何回やるかが議論になることがありますが、結論としては、本当の意味で本番さながらのリハーサルができるまで何回でも、部分的なリハーサルを繰り返します。予定通りの回数を実行することに囚われず、追加を恐れずリハーサルを実施し精度を上げていきます。

本番移行は本番システムの停止を伴うことが多く、失敗が許されません。遅延やデータ不備は本番システムでの業務に直結します。

そこで、移行プログラムや手順書ができたら、本番移行までの期間に何度かリハーサルを行います。リハーサルは少なくても2回、限定的なやり直しも含めると5回、6回と繰り返すこともあります。

6-2：データ移行リハーサルの目的

リハーサルの目的は、計画のところでも述べたように以下の2つです。

・移行手順は実用に耐えるか
・時間内に処理できるか

目的の1つ目は時間計測です。本番移行は、ゴールデンウィークやお

盆休みなど、通常の土日よりも長い長期休暇を使って行うことが多いです。業務になるべく影響を与えないよう調整するので、時間内に移行が完了できないとそのまま稼働開始遅延につながってしまいます。データ量が多い場合、サーバスペックだけでなくデータパターンによっても移行プログラムの処理速度に影響があるので、実データ、実際の移行環境に極力近い状態でリハーサルを行うようにします。

　目的の2つ目は手順検証です。本番移行は、環境設定からデータ受領、データ確認、投入、結果確認とそれぞれの作業に依存関係があります。関係者も複数部門や会社に及ぶことが多いため、作業だけでなく受け渡しも含めたタイムチャートを作成し運営を行います。

　このタイムチャートの精度を上げるのに重要なのが、個々の移行手順書です。特定の担当者（移行プログラムの作成者）しか実施できない場合、何かトラブルが発生したら全体の進捗がストップしてしまいます。リハーサルでは、全体の流れに問題がないかを見つつ、実施体制やフォローアップの体制に課題がないかも見極めを行います。

6-3：データ移行リハーサル結果まとめ

　データ移行リハーサルでは、移行タイムチャートに実績時間を記録し、何か問題があった場合は障害管理表に記録します。これらを元に、次回の移行リハーサルもしくは本番移行に向けて、必要なアクションをまとめていきます。

　データ移行プログラムや手順書への修正事項や、当日のシフト表など新たに整備が必要なもの、その他、本番までに明確にすべきことの抽出と解決を行います。

■移行リハーサルの追加計画

　リハーサルは、当初計画よりも増やすことを想定しておくことをおす

第2部 移行準備　77

すめします。プロジェクト終盤の状態は、詳細に計画するのは難しいからです。計画した時間内に計画した移行品質を満たせるまで、臨機応変にリハーサルを追加することが、本番移行の生命線になります。

データ移行リハーサル

	相対する アプリチームのテスト	検証する手順	本番移行 との相違点
移行テスト	内部結合テスト	移行手順書	大
移行リハーサル1	外部結合テスト	移行手順書 移行タイムチャート	
移行リハーサル2	総合テスト	移行タイムチャート	
（予備枠）	（予備枠）	（積み残したもの）	小

6-4：本番データ移行準備

　本番移行に向けては、これまでに移行計画として詳細化してきたもの、クレンジング、変換、検証のために準備してきたプログラムや手順など、すべてが揃っており問題がないかを確認します。また、移行計画で定義してきたものを本番当日向けに、運営要領としてまとめることもあります。運営要領の目次としては以下のようなものがあります。

【本番移行運営要領】
　①体制
　・要員表と緊急時の連絡先
　・日別、時間別の出勤予定

　②スケジュール

・移行タイムチャート

・移行手順書

・チェックポイント

③その他

・コンティンジェンシープラン

・コンティンジェンシーの発動条件

・コンティンジェンシー対応内容

④障害対応手順

・障害発生時のエスカレーションフロー

・障害対策会議の運営手順

6-5：6章のまとめ

　6章では、データ移行リハーサルで勝ち取るべきものを紹介しました。単体テストやデータ移行テストで作り込んできたデータ移行プログラムや手順で、本番移行を乗り切ることができるのかを検証する最後の手段です。

3

第3部 本番移行とその後

●

移行リハーサルが終わると、残されたタスクは本番移行のみに思えます。しかし、本番移行を終えてからが、稼働するシステムや新業務にとっては本番です。第3部では、発生しうるデータ修正や、企業が最適な形で運営し続けるために必要な組織変更について紹介します。

～引っ越し当日～

引っ越し当日にメインで搬出、運送、搬入を担ってくれるのは引っ越し業者さんです。しかし事前に捨てられるものは自分たちで捨てておく必要がありますし、搬入と主要な荷物の配置以降は自分たちで片づけなければなりません。荷物が遅れたり、運送中に破損するなど想定外の事象が発生した時には、どう対処するのか事前に考えておく必要があります。また、引っ越し後にも市区町村への転入手続きや電気や水道、インターネットの開通立ち合いなど手続きがたくさんあります。

7章 本番データ移行

7-1：当日の心構え

　本番移行はお祭りです。事前準備通りに動くだけなので、なんら楽しくないはずですが、普段とは違う雰囲気で独特の高揚感があります。そして、残念ですが、必ず想定外は発生します。そのために、対応できる体制を整えて臨む必要があります。

7-2：本番データ移行の体制

　本番移行時には、関わる人が一丸となって本番移行に取り組むことが必要です。極めて当たり前に聞こえますが、業務部門にとってもIT部門にとっても、日々の業務を抱えながら複数のプロジェクトに関与している人は少なくありません。

　本番移行のタイムチャートにおいて、自身が現場にいなければならないタスクや時間はどれか、自身が注意していなければならないのはどれかを可視化し、相互に補い合うことが重要です。

　体制表には、社内の関係部門にかかわらず、移行作業や臨時対応に関わるすべての関係者、例えばミドルウェアのサポート・営業担当者も含みます。

7-3：コンティンジェンシープラン（不測の事態のためのプラン）の必要性

　コンティンジェンシープランを立てておくことも重要です。発動条件

第3部 本番移行とその後　83

と対応内容を具体的に、しかしシンプルにまとめておきます。発生してから細かな状況報告や影響調査、対応方法を検討していては時間が足りません。もちろん事態は想像するほどシンプルにはなりませんが、想定しうる範囲で具体化しておいて損はありません。

7-4：本番移行の流れ

　プロジェクトによって異なる点は多々ありますが、大きな本番移行の流れは以下の通りです。

本番データ移行

①新システム環境
・新システム環境バックアップ取得
・マスターデータ登録
・マスターデータ検証
　→実施担当者による検証
　→ユーザー部門の業務担当者による検証
②旧業務の終了
③オンラインの閉局
④データの断面確保

⑤現行システムのデータ抽出

⑥現行システムのデータ格納

⑦新システムへのデータ移行

・データチェック

・データ変換

・データロード

・データ検証

　　→取り込み件数とエラー件数が事前の想定件数と一致すること

　　→エラーログに出力された原因と件数が想定と一致すること

⑧移行完了後の検証

・新システムの画面、帳票、分析レポートを通じての検証、可能なもの
　は現新比較

・新システムにログインし、データ登録や移行データの更新

⑨初回稼働の確認

・インフラ

　　→オンライン開局確認

・オンライン

　　→権限種類分のエンドユーザのログイン確認

　　→リアルタイムで他システムとインターフェースがあるものの疎通確認

　　→ファイルのアップロード

　　→ファイルのダウンロード（一時ファイルのディレクトリが使えるか
　　　の確認）

・バッチ

　　→一通りのバッチプログラムの稼働確認

7-5：実績を記録しておくこと

　移行テストや移行リハーサルとは異なり、本番移行を完了させること

が最優先になります。しかし、だからといって実績の記録は不要にはなりません。

担当者だけではなく、リーダーやマネジメントも含めて対応を検討する上で、事実を正確に把握することが大前提になるからです。

移行は一発ものと言われますが、どのような事情で再移行が発生するかはわかりません。また、段階移行の場合は、各回の実績時間が次回以降の貴重な目安時間になります。

記録しておく実績は、タスクごとの開始時刻と終了時刻、それぞれの取り込み件数、エラー件数、障害内容です。

7-6：想定外事象への心の準備

およそ想定し得ないことが本番には起こります。無線がつながらない！という時に、ルーターのコンセントが抜けてないかを確認するように、落ち着いてひとつひとつ確認していくことが必要です。

著者自身の体験ではありませんが、いざ本番移行しようとサーバルームに入ったら、ハードディスクが盗難に遭っていたという話もあります。

7-7：7章のまとめ

7章では本番移行がどのような雰囲気で行われるのか紹介しました。

また、本番移行にもかかわらず、実績記録が重要な理由や、想定外事象への心の準備の必要性について述べました。

8章 データ修復

　本番稼働後に、移行データの修復が必要になることがあります。極力発生を防ぐべきですが、なかなかゼロにはならないのが現実です。現行システムと新システムの橋渡しを行ったデータ移行担当者としては、関係者と協力して早期解決に努めたいところです。

　読者の皆さんがこの章を実践する機会がないことをお祈りしつつ、必要になった方のために実体験を踏まえた対処法を紹介します。

データ修復

事象と影響範囲の特定	暫定対応	原因分析	恒久対応と再発防止策
・（予防策）移行用IDとタイムスタンプの埋め込み	・データパッチ適用	・現行データ、移行、新システム機能の原因切り分け	・表面化していないデータの修正 ・アプリの修正 ・運用手順整備 ・対応の資産化

8-1：事象と影響範囲の特定

　稼働後のユーザー問い合せや不具合報告のうち、表示されているデータがおかしい、想定通りにシステムが動かない、といった事象があります。

　前者は、移行データを参照している場合、原因として浮上しますが、後者は最初はアプリの不具合として扱われることが多いです。アプリ担当が調査を進めるうちに、移行データと新システムの作成データで動き

が違うことに気づき、疑いの目がかかるといった具合です。

　こうした時に影響範囲を特定しやすいよう、移行データには目印をつけておきます。レコード作成者に移行専用のIDをセットし、レコード作成日時に移行時のタイムスタンプ（日付項目なら日付）をセットしておきます。

　また、データ移行ではなく新システムがデータ不備を生み出す場合もあります。この場合も、まずは影響範囲を特定します。影響するレコードを特定するのが第一歩です。

8-2：止血としての暫定対応

　影響範囲が、移行データの特定テーブルの特定項目に限定される場合は、「データパッチ」と呼ばれる修正プログラムを作成し実行します。プログラムというほど大げさなものではなく、SQLのupdate文を実行することも多いです。

■データパッチの範囲指定の行い方

　update文を発行する際、更新がターゲットテーブルの全件であれば特別な考慮は不要なのですが、一部データのみを更新する場合は注意が必要です。

　更新対象外のデータまで更新してしまってないかをどう検証するかです。いくつかの対策を紹介します。

　1行ずつupdateする文を作成し、連続して実行します。大量件数をまとめて実行する場合は、適度なタイミングでコミット文を挟みます。ロールバックセグメント領域を使い切ってしまうと処理が途中で止まってしまいます。

　開発畑の人にはあまり出てこない発想かもしれません。Excelに該当

のupdate文を書いておき、where句のキー項目の値のみを埋め込むのです。出来上がったらこれを1つのファイル（拡張子は.sql）で保存します。

あとは、sqlplusで実行すると、プロンプト画面を流れるようにデータパッチが適用されていきます。where句の設定に誤りがあると、「対象データがありません」のようなエラーメッセージが出ます。しかし、大量に実行していると、エラーメッセージが埋もれてしまいます。

実行後に対象データをselectし、全件更新が成功しているか、確認は必ず行うように注意して下さい。

副問合せ（where句の中にさらにsql文を入れる方法）はおすすめしません。結果としてどのデータが対象だったかを、後で追いづらいからです。

また、対象特定や実施後検証をどれだけ行っても不測の事態は起こりうるため、いざという時のためにバックアップをとっておくことをおすすめします。お手軽で強力なのが、テーブル丸ごとコピーする方法です。いざという時には元のテーブルを削除し、バックアップテーブルの名前を正式テーブルの名前に変えて本テーブルに昇格させることも可能です（リンクを貼っていたり、再現に影響ないか、検証はご自身で行って下さい）。

8-3：恒久対応に向けた原因分析

表面的な原因に留めず、原因を分析します。運用ルールやトレーニングの不足を原因に位置づけるのは、実際にはそうかもしれませんが、対策が打ちづらいです。

【チェックリスト】
□現行システムの移行データの問題か？

□データ移行時の問題か？

□例外対応の問題か？（クレンジング、過渡期対応など）

□プログラムの問題か？

　□オンライン機能

　□バッチ機能

■現行システムのデータ不備に関係しそうなこと

データがきれいに保たれていたり、移行前のデータクレンジングがやり切れていると、以下のような事象は発生しません。

現行システムに連携する他システムの切り替えや、現行システムに対するデータ移行が行われた場合は、注意が必要です。その前後でデータに違いが見られる可能性があります。特定の日付を境にブランク項目が目立つ、もしくは同じ項目なのに入っているデータのコード体系が違うなどあれば、その時期に切り替えや移行がなかったかを確認してみましょう。

特定の日付前後の差については、システム的な切り替えや移行以外に、運用ルールの変更もあります。新しい制度が始まったことにより新設された項目の場合、それ以前のデータはブランクになっている可能性もあります。

8-4：恒久対応と再発防止策

恒久対応には以下のような方法があります

■恒久対応が不要

必ずしも恒久対応は必要ではありません。移行データを一度直してしまえば、恒久対応は不要な場合もあります。

■関連データの修正実施

不備が表面化していないデータについても、事前に対応を行います。

■アプリのバグ修正実施

暫定的にデータパッチをあてたとしても、新システムのプログラムにバグがあり、再度データ不備を発生させる場合があります。これはデータ移行の問題ではありませんが、恒久対応としては、アプリのバグを修正し、本番環境にリリースを行います。

■運用手順の整備

アプリケーションには不備がなくとも、運用保守対応の手順不備によりデータ不備を発生させる場合があります。恒久対応としては、手順書を整備することです。実施者が間違えないよう正確でわかりやすい手順に修正するとともに、実施者の誤りを防ぐためのチェック手順や体制も含めるようにします。

また、人手での対策には限界があるため、仕組みとして再発防止を行います。具体的には以下の2つの方法があります。

・入力チェックロジック追加
・定期的なエラーチェック処理と通知機能を追加

入力チェックロジック追加については、入り口で防ぐ方法です。データベースに不正データを残さない、発生させるユーザーにその都度気づかせることができるため、後々に入力する際に意識することもできます。

定期的なエラーチェック処理と通知機能の追加は、入力チェックで防げない場合の次善策です。エラーデータが発生していないかを定期的にチェックし、ユーザーや管理者に通知する方法です。入力チェックは改

修規模が大きく、発生頻度が少ない（通常はありえない）場合の対策と
しても活用できます。

■対応事象の資産化

　再発防止まで行えば本プロジェクトとしては終わりですが、企業組織
としては他で同じ過ちを繰り返さないよう資産化しておきたいところで
す。教訓集やチェックリストなど、今後のプロジェクトに活用されるド
キュメントに記載し、必要に応じて活用できるようにしておきます。

8-5：8章のまとめ

　8章では、本番稼働後にデータ不備（移行データに限らず）が発覚し
た時の対応について紹介しました。

　対応に入る前にまずは事象と影響範囲の特定を行います。そして真っ
先に暫定対応を行います。その後、原因分析を行い、恒久対応を行い、
必要に応じて再発防止策の検討と実行を行います。

　こうした対応は発生しないにこしたことはありませんが、本番移行時
の想定外事象と同様で、心づもりだけはしておくとよいかもしれません。

9章 組織変更時のデータ移行対応

　企業は、市場の変化に対応するために、組織を柔軟に変更することが求められます。戦略を立て、それに合った組織に常に更新し続けながら、企業活動は行われていきます。組織の変更に応じて、扱うデータも変わり、データ移行が発生します。

　新システム稼働時のように新規に投入するデータは多くないですが、マスターデータの追加更新からトランザクション洗い替えまで、データ変更量は少なくありません。

　本番稼働後の組織変更は、定常運用の範疇です。すべてユーザー側で実施できればよいのですが、一括変更のための機能を構築していなかったり、運用手順が整備されていなかったりと、組織変更に対する優先度は高くないことが多いです。また、ドラスティックな変わり方をすることも珍しくないため、事前に手が打ちづらいこともあります。

　本章では、会計期間の変わり目や半期四半期の組織変更における対応内容や考慮事項を紹介します。

組織変更時の対応

9-1：組織変更とは何か

　企業は事業戦略の実現にあわせた組織体制を組みます。部門や部署の階層はそれに合わせて変更され、部門や部署の新設や変更にあわせて人事異動も発生します。

　業務システムは、この内容を部門マスターや、ユーザーマスターを変更し、関連するトランザクションデータを洗い替えることで対応します。

9-2：変更対象

　組織変更対応は手間がかかると思われますが、組織と人に集約されます。

■組織や部門がどう変わるか

　組織の新設、組織名称の変更、組織の削除が発生します。組織の削除に際しては、旧組織をどの新組織に付け替えるかが変更のポイントにな

ります。

部門階層が変更になることもあります。特定のプロジェクトが事業部から本社直轄になることもあれば、より実務に近づけるために事業部の下に変わることもあります。

■人や役職がどう変わるか

人事異動が発生します。つまり従業員の所属部門の変更です。他に、役職の新設、名称変更、役職を担う従業員の変更があります。

9-3：組織変更の内容

部門には新設、廃止、分割、統合があります。また、部門階層が変更になることもあります。マトリックス構造の場合は、人を複数部門に所属させる必要が出てきます。とはいえ、所属を常に複数出し続けるわけにはいかないので、主の所属部門は1つに決める構造をとります。

役職は、承認等限られた機能を持つことと、管理する部門や部下のデータを一覧する権限を持ちます。同じ役職を別の人が引き継ぐ場合、過去のデータも含めて引き継ぐかどうかで同じレコードを使うのか、同じ名前を使うとしても別レコードを作成するのか決めます。

人は、追加、変更、削除があります。追加削除は、入社と退職に限りません。異動に伴い該当システムを使い始める場合は追加ですし、使わなくなる場合はユーザー自身を削除もしくは、操作権限を削除します。物理的にデータ削除することはあまりしません。理由は、過去にその方が担当したデータに名前が表示されなくなるのを避けるためです。もちろん、すべてのテーブルに物理項目として持っていればマスターを消しても影響ありませんが、むしろその場合は、マスター変更時にそれらの項目もすべて洗い替える必要が発生します。あまりきれいな設計には感じられません。

源流システムから分析データウェアハウスなどの下流まで影響範囲を特定し、適切な変更を加える必要があります。

9-4：組織変更におけるデータ変更の方法

■マスターデータの変更

マスターデータが項目として適用開始日、適用終了日を持っている場合は、事前にマスター登録が可能です。持たない場合は、適用日に合わせて、新マスター登録、マスター変更、不要になった旧マスター削除を順に実施します。

■トランザクションデータの洗い替え

商談や受注データは、担当者や担当部門を項目に持っています。マスターデータの更新後に、これらを一括で洗い替えます。

洗い替えの画面やバッチがある場合は、それを実行します。ない場合は、データパッチのプログラムを作成し実行します。

■他システムへのアウトバウンドインターフェース

インターフェースデータの抽出仕様に依存します。問題は、変更データがインターフェースされないことです。洗い替えする時にもきちんと変更日や変更者項目なども更新を忘れないようにしましょう。変更日だけを抽出条件にしていると、インターフェース項目以外が更新された場合も連携され、大量にデータが届くことになります。

9-5：9章のまとめ

9章では、組織変更時に発生するデータ移行対応について紹介しました。組織がどう変わるかを共有しづらいため、実際にデータを入手して準備する時間は多くありません。変更に柔軟に対応できる仕組みを早期

に確立していくことが求められます。

おわりに

　最後まで読んでいただき、ありがとうございます。

　この本では、私自身が数々のシステム導入プロジェクトで経験し、実践してきたデータ移行に関する考慮事項や注意点を紹介しました。経験の浅いデータ移行担当者が同じ失敗をしないよう、似た苦しみを味わわないよう、意識しておきたいトピックを多数盛り込みました。

　「当たり前のことを当たり前のように実行する」ことは、口にするほど簡単ではありません。

　本書は詰めが甘く、気が利かなかったからこそ経験した著者の失敗の数々が基になっています。全く同じ内容を適用することはできなくとも、似た境遇でデータ移行に取り組む方に、その失敗、非効率、不安を軽減する材料が提供できればと願いながらまとめました。

　気がつけば、データ移行に携わったプロジェクトは10を超えます。コンサルティング会社はプロジェクトの教訓を収集し活用することを強みにしていますが、システム導入の、それも下流工程であるデータ移行や運用保守に関する教訓は多くありません。一方で、上流、中流工程での積み残しや、関係各所との認識離齬や曖昧さのしわ寄せがデータ移行には集中します。経験に基づく事前対策や状況に応じた対処が求められます。

　データ移行は、実施自体は地味なタスクですが、プロジェクトを安定して本番稼働させるために避けて通ることはできません。ここをしっかり乗り切ることが、プロジェクト成功の、いやせっかく成功目前までこぎつけたプロジェクトを一瞬で失敗させないための鍵になります。

本書が、データ移行に関わる皆様に少しでもお役に立てることを、お祈りしております。

2017年10月　著者

著者紹介

久枝 穣（ひさえだ みのる）

大手コンサルティングファーム勤務。1978年生まれ。大阪大学人間科学部卒業。プライス
ウォーターハウスクーパースコンサルタント株式会社（現：日本アイ・ビー・エム）に入
社し、製造、流通、金融などの大手企業向けにCRMを中心とした業務改革、システム導入
に携わる。他システムとのデータ連携を行うインターフェースや現行システムからのデー
タ移行領域について開発から運用まで豊富な経験を持つ。
　Twitter @mhisaeda
　ブログ　外資系コンサルタントのガラクタ箱（https://mhisaeda.com/）

◎本書スタッフ
アートディレクター/装丁：岡田 章志＋GY
編集：江藤 玲子
デジタル編集：栗原 翔

●本書の内容についてのお問い合わせ先
株式会社インプレスR&D　メール窓口
np-info@impress.co.jp
件名に「『本書名』問い合わせ係」と明記してお送りください。
電話やFAX、郵便でのご質問にはお答えできません。返信までには、しばらくお時間をいただく場合があります。な
お、本書の範囲を超えるご質問にはお答えしかねますので、あらかじめご了承ください。
また、本書の内容についてはNextPublishingオフィシャルWebサイトにて情報を公開しております。
http://nextpublishing.jp/

●落丁・乱丁本はお手数ですが、インプレスカスタマーセンターまでお送りください。送料弊社負担にてお取り替えさせていただきます。但し、古書店で購入されたものについてはお取り替えできません。
■読者の窓口
インプレスカスタマーセンター
〒101-0051
東京都千代田区神田神保町一丁目105番地
TEL 03-6837-5016／FAX 03-6837-5023
info@impress.co.jp
■書店／販売店のご注文窓口
株式会社インプレス受注センター
TEL 048-449-8040／FAX 048-449-8041

システム導入のためのデータ移行ガイドブック―コンサルタントが現場で体得したデータ移行のコツ

2017年11月17日　初版発行Ver.1.0（PDF版）

著　者　久枝 穣
編集人　桜井 徹
発行人　井芹 昌信
発　行　株式会社インプレスR&D
　　　　〒101-0051
　　　　東京都千代田区神田神保町一丁目105番地
　　　　http://nextpublishing.jp/
発　売　株式会社インプレス
　　　　〒101-0051　東京都千代田区神田神保町一丁目105番地

●本書は著作権法上の保護を受けています。本書の一部あるいは全部について株式会社インプレスR&Dから文書による許諾を得ずに、いかなる方法においても無断で複写、複製することは禁じられています。

©2017 Hisaeda Minoru. All rights reserved.
印刷・製本　京葉流通倉庫株式会社
Printed in Japan

ISBN978-4-8443-9801-1

●本書はNextPublishingメソッドによって発行されています。
NextPublishingメソッドは株式会社インプレスR&Dが開発した、電子書籍と印刷書籍を同時発行できるデジタルファースト型の新出版方式です。http://nextpublishing.jp/